国家自然科学基金项目(42364002, 42361012)、江西省主要学科学术和技术带头人培养计划(20225BCJ23014)、江西理工大学研究生教育教学改革项目(YJG2022006)、河北省水利科研项目(2022-28)

# 北斗/GNSS
# 高精度大坝智能监测
# 关键技术研究与应用

贺小星　孙喜文　王海城　张云涛　等著

Research and Application of Key Technologies of
Beidou/GNSS High Precision Dam
Intelligent Monitoring

中南大学出版社
www.csupress.com.cn
·长沙·

# 前 言 ◀◀◀ Foreword

水库大坝在水负荷的作用下会发生变形,当变形过大时,大坝会处于疲劳状态,严重时有溃坝的危险,因此需要对大坝的变形进行连续而精密的监测。北斗/GNSS 是满足监测大坝安全的精密技术,其具有高精度、多功能、全天候、高效率、自动化等特点,成为大坝变形监测的新星。应用北斗/GNSS 技术,不仅可以解决传统测量技术的不足,提高监测精度和实时性,降低成本和人力物力投入,还能快速、智能地开展监测工作,确保大坝的安全稳定。因此,北斗/GNSS 技术在水库大坝变形监测中具有重要的意义和应用价值,是当前研究的热点之一。

为了解决高精度大坝变形监测存在的诸多问题,本书利用多通道数据融合技术,整合了北斗导航、5G 通信等多种传感器监测手段,研发了一套功能齐全、流程清晰、自动化程度高的北斗/GNSS 大坝自动化变形监测系统,实现了对大坝监测数据的全面处理、分析和管理,为大坝管理提供了可靠的技术依据和支持,提高了监测数据的精度和可靠性;针对沉降基准点垂向位移观测序列存在的非线性形变问题,本书构建了真实地球物理过程的趋势、周期项改正模型,提出了基于一阶自回归模型和维纳滤波的时变周年、半周年信号建模方法,解决了沉降基准点运动信号与噪声难以分离的问题；针对非线性形变等地球物理过程对沉降基准点站坐标及速度精确估计的不利影响，本书提高了沉降基准点站坐标及速度的确定精度。基于多源数据集的特征约束，本书建立了多尺度变形智能预测模型，实现沉降基准站坐标序列的精确预测，为建立科学的水库大坝预测与预警决策模型、加强系统管理及运营数据提供了科学有效的方法。本书研究成果的推广应用可为高精度大坝变形监测提供新的思路和途径，具有重要的理论意义和广阔的应用前景。本书注重北斗/GNSS 技术与水利工程的交叉结合，强调理论与实际应用的结合，是一本适合测绘工程、土木工程、水利工程、地质工程、采矿工程等专业大类或方向的研究人员、高等院校师生和企业工程技术人员的参考书。

本书由贺小星负责全书的编写和统稿工作，东华理工大学孙喜文负责第 4 章部分内容的编写和全书校稿工作。河北省水利水电勘测设计研究院集团有限公司王海城、刘晖娟、王雯涛、付杰，河北省水利工程局集团有限公司张云涛等负责数据处理和实验分析工作。江西理工大学王杰、黄佳慧、杨圣博等负责资料收集、文字图表检核等工作。

在本书的编写过程中，参阅了大量文献，引用了同类书刊中的部分资料，在此，向相关作者表示衷心的感谢！书中如有不妥之处，恳请广大读者予以批评指正。

作 者

2023 年 7 月

# 目 录 ◀◀◀ Contents

# 第1章

# 绪　论

## ▶ 1.1　引言

据统计，我国已建水库约 10 万座。其中河北省现有 18 座大型水库和 43 座中型水库，大多建于 20 世纪五六十年代，分布于河北省境内的太行山脉和燕山山脉。多年来，它们在防洪、抗旱、城市供水、农业灌溉、发电、养殖等方面发挥了重要作用。

水库大坝在水负荷的作用下会产生变形，当变形过大时，大坝会处于疲劳状态，严重时有溃坝的危险。过去 50 余年间，我国有 3500 多座水库发生溃坝，例如 1975 年河南省板桥水库溃坝致使 26 座水库相继溃坝，造成约 34 亿元的经济损失。由此可见，水库大坝的变形监测工作不仅关系到工程自身安危，而且关系到下游人民的生命、财产安全，探究如何有效开展大坝变形监测具有重要意义。

针对水库大坝的监测设备和监测数据随着监测范围的扩大也越来越庞大，使用传统的监测和管理模式，工作量特别大，难以做到实时监测，受天气等各种因素影响明显。并且使用传统测量技术进行高精度大坝变形监测时，存在诸多限制，例如传统的变形监测技术使用常规的光学和电子测量仪器，选择高等级点建立统一基准，将变形监测点与各部位的独立基准点进行联测，形成整体的监测网络系统。监测网的精度和可靠性要求比较高，观测周期长，所需费用大，而且需要大量的人力、物力。其具体不足主要表现为：各测点不同步、外业工作量大；布点受地形条件影响，实时性较差、受天气的影响比大；不易实现自动化监测等。

如今，随着全球导航卫星系统(global navigation satellite system，GNSS)技术精度的不断提升，且 GNSS 具有高精度、多功能、全天候、高效率、应用广、易操作、自动化等特点，使得 GNSS 在灾害监测预警、防范中发挥了重要作用。近些年 GNSS 在大地测量、精密工程测量、地壳变形监测、资源调查、城市测量等领域得到广泛应用，并取得了丰富经验，使得 GNSS 应用于水库大坝自动化变形监测成为可能。

随着北斗三号系统组网建设的完成，北斗卫星导航系统(简称北斗系统，Beidou navigation satellite system，BDS)的定位精度等性能显著增强，能够为全球用户提供可靠、高精度的定位服务。BDS 具有高精度、多功能、全天候、高效率、应用广、易操作、自动化等特点，使得 BDS 在灾害监测预警、防范中起到了重要作用。目前，北斗系统已逐步融入我国的核心基础设施，其经济效益和社会效益效果显著。同时，5G 时代加速来临，5G 无线通信技术高速度和低时延的数据传输等特点，能够极大提高各个行业的发展水平，满足各种应用场景中对网络进行无缝、可靠的衔接与集成的需求。北斗系统和 5G 在"电气化、自动化、互联化、个性化、智能化"为一体的大型工程应用及其安全性解决方案中一定能够发挥重要的推进作用。

基于此，传统的监测技术在进行坝体稳定性的准确分析评价、预测预报及治理工程等方面面临诸多局限性，而高精度 BDS 技术和高速度传输的 5G 技术能够有效地弥补上述不足。尤其是两者的融合在防治坝体稳定性、监测慢滑移和蠕动等微小变形中展现了较大的优越性，可为水库大坝多尺度变形监测、成灾、防灾理论与关键技术研究等提供重要的技术支撑，为河北省经济社会持续稳定发展提供科技保障。

## ▶ 1.2　本书研究目的与意义

河北省现有岗南水库等 18 座大型水库和红领巾等 43 座中型水库，这些水库大坝的安全监测、防洪调度大多数采用传统的监测技术，自动化程度相对较低。截至 2017 年，各水库已经历过 1996 年"96.8"、2012 年"7.21"和 2016 年"7.19"三次大洪水，均存在不同程度的淤积现象，由于近 30 年未修测，致使防汛和调度存在较大的盲目性，给水库安全造成很大隐患。

基于这种情况，河北省委、省政府高度重视，提出了全面修测河北省大中型水库库容曲线、提升水库大坝安全自动化监测的任务，满足在恶劣天气正常监测的需求，为管理者提供高精度测量成果，填充人工测量在极端恶劣天气下无法测量的空白，同时也降低人工测量在恶劣天气的危险性，以更好地发挥水库在防洪、灌溉、发电、养殖、旅游等诸多方面的作用。

本书将借鉴岗南水库大坝监测等项目的成功经验，系统研究并开发一套功能齐全、流程清晰、智能化程度高的基于北斗/GNSS 的高精度水库大坝自动化监测系统，并将其应用于河北省水库大坝病害、风险监测等工程与科学研究中，为河北省大中型水库大坝自动化变形监测管理和防汛调度科学化提供技术支持，确保水库大坝运行安全。

## 1.3　本书研究内容

### 1.3.1　大坝北斗/GNSS 完好性监测

为了提高导航与位置服务的精准可信度，以北斗/GNSS 为主的多传感器数据融合技术需要满足精确性、完好性、连续性、可用性的需求，尤其完好性和安全性在以大坝变形监测、自然灾害预测预警等方面愈发重要。针对已有的双星故障条件下接收机自主完整性监测（receiver autonomous integrity monitoring，RAIM）可用性评估算法不严密，本书改进了数学模型，提出了 RAIM 可用性评估的极大值方法（minorize maximize，MM），并与已有的 RAIM 可用性评估的矩阵最大特征值方法（matrix maximum eigenvalue method，MMEM）进行比较和分析；针对传统的"快照法"，RAIM 可用性评估主要基于单故障和双故障，忽略了北斗/GNSS 为主的多传感器融合系统中发生多故障的可能性。项目构建观测误差的二次型矩阵，基于二次型矩阵的广义最大相对特征值原理，推导适用于单、双、多故障 RAIM 可用性评估的通用模型，提高多故障 RAIM 算法性能；当多个传感器联合进行位置服务时，用户在一个历元中出现多故障且随着历元的增加出现缓慢微小变化故障的概率大大增加，严重影响用户定位的精度与可靠性。该方向的研究内容可以为后续的数据处理提供简明的北斗/GNSS 观测数据，提高大坝变形监测结果的准确度和可信度。

### 1.3.2　北斗/GNSS 自动化大坝变形监测系统

本书采用多通道数据融合技术，将北斗系统、5G 通信技术、其他传感器等多种监测手段的数据进行融合，从而实现更加全面、准确的大坝监测。通过建立基于北斗/GNSS 的多传感器融合自动化水库大坝智能监测系统，研发具有诊断大坝健康状况的数据处理与分析系统，构建了一套功能齐全、流程清晰、自动化程度高的基于北斗/GNSS 的自动化安全监测软件。该软件能够实现水平位移、垂直位移、坝块接缝、渗压及温度等监测数据的综合处理，集成分析并自动生成各类图表，能够实现对大坝监测数据的实时显示、分析和管理。此外，该软件还能够提供预警信息、故障诊断等功能，为大坝管理人员提供全面、准确的数据支持，保障大坝的安全稳定运行。本研究的贡献在于采用多通道数据融合技术和基于北斗/GNSS 的多传感器融合自动化水库大坝智能监测系统，实时提高监测数据的精度和可靠性，为科学分析评价水库大坝安全状况提供可靠的技术依据；开发了具有自主知识产权的北斗/GNSS 基准站精密数据处理与分析软件，为研究大坝变形监测提供了重要的软件支撑，弥补了国内自主软件空缺的不足。

### 1.3.3　北斗/GNSS 大坝监测站坐标时序精密建模

针对北斗/GNSS 大坝监测站坐标时序噪声模型丰富、北斗/GNSS 大坝监测基准站存在共模误差、观测环境复杂等问题，本研究采用北斗/GNSS 大坝监测站坐标时序数据分析与处理方法开展融合机器学习算法的 GNSS 坐标时间序列智能建模。首先，由于北斗/GNSS 大坝监测站观测条件受多元因素影响，部分站点存在观测数据完整度较低的问题，应在建模前筛选出数据完整度较高的站点。其次，通过对坐标时间序列进行相关性分析，建立多个具有较高相关性的数据集。并通过信号分解技术对北斗/GNSS 大坝监测站坐标时序进行噪声模型估计及降噪，然后将降噪后的时间序列通过机器学习算法进行建模，通过模型输出特征评价结果，根据特征重要性评分构建加权叠加滤波新方法提取共模误差。最后，通过多个机器学习模型完成高精度的北斗/GNSS 大坝监测站坐标时序建模。

针对沉降基准点垂向位移观测序列存在的非线性形变，构建基于真实地球物理过程的趋势、周期项改正模型，解决沉降基准点运动信号与噪声难以分离的问题。在融合盲源分离和经验模态分解法的基础上，构建基于一阶自回归模型与维纳滤波的时变周年、半周年信号的精确建模方法，解决沉降基准点坐标时间序列模型未考虑季节性信号的多源性与时变性及异常值探测等不足；提出了等价条件闭合差最小范数分量估计的沉降基准点坐标时间序列噪声估计新方法，提高了沉降基准点坐标及其沉降速率的确定精度；考虑幕式震颤与慢滑移、地震等地球物理过程对沉降基准点精细特征提取的不利影响，建立幕式震颤与慢滑移同站速度估计之间的数值联系，实现基准站坐标序列幕式震颤与慢滑移的精确修正，有效削弱地震对沉降基准点速度场估计的不利影响。

### 1.3.4 地球物理约束下大坝位移智能监测预警研究

北斗/GNSS 基准站点位移受到多源地球物理效应的影响。因而,在构建特征时,顾及地球物理因素可以有效地丰富特征集的构成,为满足水库大坝智能监测数据的可靠性和准确性,传统的经验模态分解(empirical mode decomposition,EMD)、长短期记忆网络(long short term memory networks,LSTM)方法已不能满足对大坝位移形变时序的精准监测,此外,水库大坝 GNSS 监测站点的位移与地球物理因素有关,使用相关地球物理因素构造特征时,机器学习算法可通过学习数据间的潜在关系构建回归模型。本研究设计指标可描述地球物理因素之间的关系,实现地球物理效应的综合评价和大坝智能监测与预警方法建模,具体内容包括:①针对不同地球物理因素对 GNSS 基准站点位移影响的不同,在建模过程中尝试不同的物理因素组合方式,对比模型学习过程中的拟合信息及特征评价信息进行特征提取研究,达到优化特征集的组成和特征权重的目的。②通过机器学习建模过程中生成的特征重要性评分建立地球物理因素综合评价指标,分析不同地球物理效应对 GNSS 基准站点位移的瞬态影响。③通过对比数据优化前后的建模效果,验证通过融合机器学习算法的加权叠加滤波模型优化后的数据质量,从而实现高精度大坝智能监测及预警方法建模。

本研究提出基于多源时空数据集构建特征约束,建立融合变分贝叶斯独立分量分析(variational bayesian independent component analysis,VBICA)和极端梯度提升(eXtreme gradient boosting,XGBoost)算法的瞬态地壳形变精密建模机器学习框架,实现瞬态地壳形变的精密建模,为地质灾害监测预警提供科学依据和理论支持。针对项目特点,综合考虑建立更加完善的决策模型,以对水库大坝进行综合评估和预警。项目构建大坝位移形变智能预测模型,融合变分模态分解(variational mode decomposition,VMD)和 XGBoost 算法,顾及噪声影响的 Prophet 方法进行多尺度分析,针对变形监测数据的非平稳、非线性问题,通过改进的混合变分模态长短时神经网络(mix variational mode decomposition long short term memory,MVMDLSTM)方法对位移形变监测数据进行预测,最终建立多尺度变形预测模型,可提高水库位移形变预测精度及计算结果的可靠性,为建立科学的水库大坝预测与预警决策模型、加强系统管理及获取运营数据提供了科学有效的解决方法。

# 第 2 章

# 北斗/GNSS 大坝自动化变形监测系统

## ● 2.1 洋河大坝监测项目背景和意义

### 2.1.1 洋河大坝监测项目背景概况

洋河水库位于河北省秦皇岛市抚宁区大湾子村北,坝址位于洋河干流上,控制流域面积 755 km²;1959 年 10 月动工兴建,1961 年 8 月建成并投入使用,除险加固后总库容为 3.66 亿 m³,为大(Ⅱ)型水利枢纽工程。水库任务以防洪为主,兼顾城市供水、农业灌溉、生态补水、发电等综合利用。水库枢纽由主坝、副坝、溢洪道、泄洪洞、发电引水隧洞、水电站、西坝头放水洞、引青济秦供水工程进水口等建筑物组成。

#### 1. 主坝

主坝长 1570 m,其中斜墙坝段长 1240 m,左、右岸均质坝段长度分别为 136.8 m 和 193.2 m,最大坝高 32.3 m,坝顶高程 66.01 m(1985 国家高程基准,以下同),净宽 5 m。主坝的上游坝坡坡比自上而下分别为 1:2.5、1:2.75、1:3.5,其中高程 49.31 m 以上至坝顶为浆砌石护坡,其余部分为干砌石护坡;下游坝坡坡比自上而下分别为 1:2.015、1:2.75、1:3.0,下游坝坡采用干砌石护坡,高程 41.31 m 以下设堆石排水体与坝脚排水沟相接。

**2. 副坝**

副坝为黏土斜墙坝,坝长 108 m,最大坝高 10.5 m,坝顶高程 66.81 m,净宽 7 m。副坝的上游坝坡坡比为 1:3,下游坝坡坡比为 1:2。

**3. 溢洪道**

溢洪道位于大坝左岸,为开敞式,由引水渠、闸室、陡槽及尾水渠组成。引水渠长 474 m,底宽 70.5~126.0 m,底高程 51.50~53.00 m。闸室分 5 孔布置,每孔净宽 12.5 m,为分离式底板,堰型为驼峰堰,堰高 2.0 m,堰顶高程 53.51 m。设有 5 扇弧形钢闸门,启闭设备采用 5 台 2×500 kN 卷扬启闭机。陡槽由陡坡段、曲线连接段和挑流鼻坎段 3 部分组成,全长 181.23 m,其中陡坡段长 120 m,曲线连接段长 22.18 m,挑流鼻坎段长 39.05 m。陡坡段宽 50.0~70.5 m,收缩角度为 5.85°,收缩段长 100 m;后接 20 m 长的等宽段,纵坡坡度 1/50。曲线连接段采用抛物线,抛物线公式 $y=0.005794x^2$,自高程 43.59 m 处采用反弧与挑流鼻坎衔接,反弧半径 90 m,鼻坎挑角 10°,高程 43.59 m,坎基础高程 30.31 m,采用挑流式消能,最大下泄流量 4495 m³/s。

洋河水库大坝 GNSS 站点布设如图 2-1 所示。

(a) 主坝　　　　　　　(b) 副坝　　　　　　　(c) 溢洪道

**图 2-1　洋河水库大坝 GNSS 站点布设**

实施本次除险加固工程以前,洋河水库按照大(Ⅱ)型水库的安全监测技术规范，对水库坝体分别进行测压管观测、水平位移观测和垂直位移观测。其中测压管观测采用电测水位计观测法进行测量，每周 1 次；水平位移观测和垂直位移观测分别采用 GNSS 静态测量、水准测量两种方式，每年测量 2 次；分别于汛前和汛后测量。在汛期进行工程观测时，库水位在 58.10 m 以下时，按规范要求坚持常规观测；库水位为 58.10~62.38 m 时，测压管观测由 7 天 1 次加密到 3 天 1 次，坝体垂直位移观测、水平位移观测由每季观测 1 次加密到每月观测 1 次；库水位在 62.38 m 以上时，测压管观测加密到每天 1 次，坝体垂直位移观测、水平位移观测加密到 15 天 1 次。每次测量结束后，组织技术人员对测量数据资料进行整理，利用电脑进行制图分析，并与历年数据进行比对，形成文字材料上报，并将测量结果归档，计入年度整编资料。

### 2.1.2 洋河大坝自动化监测的意义

#### 1. 自动化监测目的及任务

通过对水库大坝主要技术数据的实时监测监控、巡线员数据的实时查询、监测数据的智能分析等，实时了解该坝体安全状态并做出预测预警，为科学决策提供依据。监测目的及主要任务包括：

①采用实时监测技术，监测水库大坝的位移变形及地下水位等的变化情况。

②采用水利监测数据管理系统，对监测数据进行接收、管理、曲线成图、报警等。

③该监测数据管理系统满足水利数据管理中心和市局数据中心以总站数据中心的数据共享。

#### 2. 自动化监测的必要性

（1）管理的必要性

水利监测设备和监测数据随着监测范围的扩大而越来越庞大。使用传统的办公形式进行管理，工作量特别大，故需要使用现代化的数据库管理工具，以实现自动查询数据，便于管理。

（2）技术的必要性

①提高监测的实时性。在过去通信和供电设施不完善的情况下，使用人工监测，监测周期从一周到两周不等，时间跨度偏长。而现在自动化监测等手段齐全，可以通过现代化的通信技术将监测周期缩短到 2 h。

②要降低成本。人工监测费时、费力，每年都需投入大量的人工进行监测、

数据分析等工作。水利监测是一个长期的过程，宜建立自动化的监测系统，每年仅进行少量的维护工作，既能获取有效数据，又能降低总体成本。

③加强恶劣天气下的监测，提高数据的有效性。一般情况下，危险多发生于恶劣天气，如大雨、暴雪等。而在危险的情况下，人工监测往往获取不到有效数据。自动化监测不受天气因素影响，能够充分获取有效信息。

**3. 自动化监测的实施条件**

（1）具有现场巡视员

巡视员定期进行人工巡视，迅速了解现场详细情况，发现隐患，及时向总调度室汇报；同时也接收总调度室针对异常情况而发出的巡视指令，立即对异常部位进行检查，并汇报情况。

巡视员可在线报告巡视情况，现场核实监控系统的监测指标；巡视员巡视轨迹实时可被跟踪、记录。

（2）具有现场值班室

值班人员能够随时查看各个监测点的实时数据，及时了解水库大坝的运动情况。现场值班室作为数据接收和处理中心，通过各种配套的专用软件系统，随时监测水利危险源动态，对相关危险源做出动态安全评估，在突发情况下，通过警灯、警号、计算机模拟语音、手机短信等多种渠道向上级发送发现的危险源险情。

（3）具有控制中心

配置服务器，保证服务器 24 h 工作，能够及时对数据进行解析处理，并发布到 Web 客户端上，实时地显示各监测系统的运行情况，掌握水库大坝的安全动态，并通过多种手段进行报警。

（4）具有负责水利监测的公司、领导及监管部门

①可不受地域限制随时掌握水库大坝的监测情况。

②及时掌握水库大坝监测预警信息。当危险源预警时，可通过手机接收预警信息。

③随时掌控水库大坝监测危险源动态。可通过网络动态查看泥石流的相关实时数据和图像。

④随时掌控水库大坝监测的运行情况。平时可通过综合监管系统全面、及时、准确地了解各项监测工作情况，在突发情况下，迅速调阅第一手资料，及时指挥应急处置与救援。

⑤预留外网访问该监测系统的功能，如果需要，可以开放该端口，使上级安全监督主管单位获得访问权限。

## ▶ 2.2  大坝地表位移监测

### 2.2.1  大坝地表位移监测原理

本系统采用 GNSS 自动化监测方式对坝体表面位移进行实时自动化监测，其工作原理为：各 GNSS 监测点与参考点接收机实时接收 GNSS 信号，并通过数据通信网络实时发送到控制中心，控制中心服务器 GNSS 数据处理软件 HC Monitor 实时差分解算出各监测点三维坐标，数据分析软件获取各监测点实时三维坐标，并与初始坐标进行对比从而获得该监测点变化量，同时分析软件根据事先设定的预警值而进行报警。

### 2.2.2  监测设备选型

根据系统的实际情况及所要达到的技术指标，并参照《全球定位系统（GPS）测量规范》（GB/T 18314—2009），水库坝体表面位移监测系统选择华测 P5 GNSS 接收机（图 2-2）和配套天线罩。

图 2-2  P5 GNSS 接收机

#### 1. P5 GNSS 接收机

P5 GNSS 接收机（以下简称 P5）是一款技术先进、简单易用、可靠稳定的监测专业接收机，其强大的技术性能适合在任何情况下长时间连续工作。P5 与大地测量型天线设备集成并配合核心解算软件，能够最大限度地满足水库大坝、滑坡体、尾矿坝、沉降等变形监测的需要。

10

该接收机的主要特点如下。

（1）全方位全星座跟踪技术

能够跟踪 BDS：B1、B2、B3；GPS：L1C/A、L2C、L2E、L5；GLONASS：L1C/A、L1P、L2C/A（仅 GLONASS M）、L2P；GIOVE-A：同步 L1 BOC、E5A、E5B 和 E5AltBOC（支持）；GIOVE-B：同步 L1 CBOC、E5A、E5B 和 E5AltBOC（支持）。SBAS：L1 C/A，L5 支持 WASS、EGNOS 和 MSAS。

（2）长时间连续稳定运行

P5 基于嵌入式 Linux 平台，采用 i.MX6UL 处理器，主频高达 545 MHz，为多任务同时操作和长时间连续稳定运行提供了更好的平台。

（3）32 GB 板载内存

P5 具有 32 GB 板载内存（支持扩展 128 GB），它的存储芯片直接焊接在接收机主板上，保证了高安全性和高速的数据存储，同时保证了在高振动等恶劣环境的正常工作，且支持 1 TB 以上的外接 USB 存储设备。

（4）八线程同时工作

P5 设计了八线程数据独立存储，可单独设置每个线程的存储位置、观测时长、线程容量，支持数据的循环存储和 FTP 推送。

（5）灵活多变的设置方式

主机采用液晶面板显示，并内置蓝牙模块，用户可通过网络、串口、蓝牙及液晶面板等任意方式对系统参数进行配置。

（6）强大的 Web 访问功能

基于嵌入式 Linux 平台，用户可通过网页浏览器远程访问接收机，实现对主机的不同操作，如远程查看主机的运行状态、设置数据输出、下载观测数据、FTP推送、邮件报警、远程重启、修改系统配置、固件升级和注册等。

（7）多种供电方式

接收机具有上电自启动技术，在主机断电恢复后会自动按照原设置继续工作，而无须人工干预。同时在断电情况下，接收机可依靠其内置电池继续工作 24 h。

（8）接收机状态检测功能

接收机可以检测到该设备的通信状态和信号强度、内置电池电量、外部供电电压、设备内部运行温度、CPU 和内存使用率；并定时上报至云服务中心，实时掌握该设备运行情况并智能诊断和修复异常情况。

（9）云服务远程控制功能

通过华测云服务可以实现远程重启接收机、远程升级固件、远程设置接收机输出频率和数据格式等，方便用户在野外没有公网 IP 的环境下对设备进行远程维护。

### 2. 大地测量型天线

A220GR 天线是多星多频测量型天线，采用 4 馈点天线右旋极化设计，小巧轻便，广泛应用于工程测量、大地测量、工程监测等行业。天线部分采用多馈点设计方案，实现相位中心与几何中心的重合，将天线对测量误差的影响降到最小；天线单元增益高，方向图波束宽，确保低仰角信号的接收效果，在一些遮挡较严重的场合仍能正常搜星；带有抗多路径扼流板，能有效降低多路径对测量精度的影响；防水、防紫外线外罩，确保天线能长期在野外工作。大地测量型天线如图 2-3 所示。

图 2-3　大地测量型天线

### 3. GNSS 天线罩

GNSS 天线罩针对 GNSS 工作频段[（1575±25）MHz]采用华测定制产品，具有防酸、防盐雾、防紫外线、耐冲击、防腐抗老化性能佳、寿命长、电绝缘性佳、透波性强(达 99% 以上)等特性，在高温、低寒等恶劣环境中使用性能更加突出。GNSS 天线罩如图 2-4 所示。

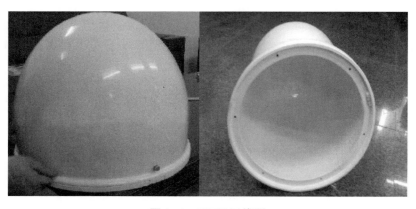

图 2-4　GNSS 天线罩

### 2.2.3　位移监测数据通信

GNSS 设备输入输出数据均为数字信号，由无线网桥传输至值班室监控中心服务器，无线网桥是内部局域网传输，提高了数据传输的安全性和可靠性，数据通信链条如图 2-5 所示。

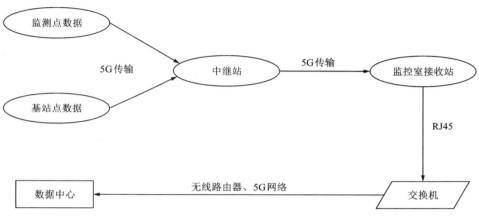

**图 2-5　数据通信链条**

### 2.2.4　位移监测防雷设计

**1. 直接雷电防护**

坝体表面位移监测系统采用避雷针进行直击雷防护，使用单项电源避雷器、通信电缆防雷器实现对感应雷的防护。具体避雷方式：要求避雷针与被保护物体横向距离大于 3 m，避雷针高度按照"滚球法"确定，粗略计算即可。直击雷预防示意如图 2-6 所示，避雷针型号选用 ZGZ-200-2.1(图 2-7)。

13

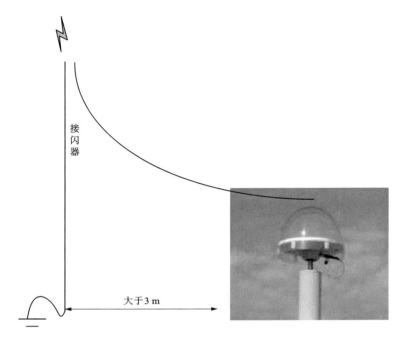

接闪器

大于3 m

图 2-6　直击雷预防示意图

图 2-7　ZGZ-200-2.1 型号避雷针

**2. 感应雷电防护**

（1）电源防雷保护

采用金属机柜屏蔽感应雷，电源部分加装防雷插座和单项电源避雷器。单项电源避雷器如图 2-8 所示。

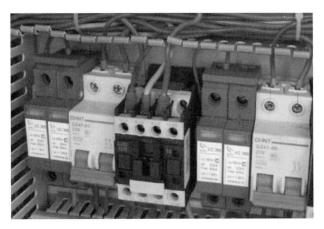

图 2-8　单项电源避雷器

（2）通信线路防雷保护

在通信线路两端分别加装防雷器，一个防雷器靠近传感器，避免由于感应雷造成的电流对传感器的损害；另一个防雷器尽量靠近数据处理设备。避雷器的接地端与避雷网连接，连接处采用涂抹防锈漆等手段保证导电，接地电阻不大于 4 Ω。避雷器存在一定的插入损耗，对数据信号的强度造成了一定的影响，可根据实际情况增加信号放大器等相关设备。通信线路防雷器如图 2-9 所示。

图 2-9　通信线路防雷器

**3.接地网**

接地网的建设选用 4 根 50 mm×50 mm×5 mm 热镀锌角钢为垂直地极（$L=$ 2.5 m），以 40 mm×4 mm 热镀锌扁钢互连，地极埋地深度大于 0.7 m。避雷针基座为 500 mm×500 mm×60 mm 钢筋混凝土，由地网引两根 40 mm×4 mm 热镀锌扁钢与基座连接（连接处必须为焊接），接地电阻小于 10 Ω。

## 2.2.5　监测设备施工安装

在选定地址开挖至冻土层（根据当地情况确定）以下，具体施工严格按照图纸和规范要求施工，施工安装过程如下：

①强制观测墩采用现浇混凝土加 300 mm 高强度 PVC 套管施工工艺，混凝土强度等级 C30。主筋最小砼保护层厚度为 30 mm。搅拌现场必须配有合格的称量器具，严格按照设计配合比下料。

②水泥要求：普通硅酸盐水泥，强度等级 P. O 42.5；5~40 mm 级配良好的石子，中砂，水须采用饮用水。根据施工情况混凝土需要加拌外加剂，如早强剂、防冻剂、引气剂等，质量必须合格，不得使用含氯盐的外加剂。

③考虑到耐久性要求，混凝土按 C30 强度设计。每立方米混凝土材料参考用量见表 2-1。

**表 2-1　每立方米混凝土材料参考用量表**

| 材料名称 | 水/m³ | 水泥/kg | 中砂/kg | 石子（最大粒径 40 mm）/kg |
|---|---|---|---|---|
| 用量 | 0.18 | 0.30 | 0.44 | 0.82 |

表 2-1 中参考用量是根据以往施工经验编写的，仅供参考。如手边有质监部门提供的 C30 混凝土配合比，可以采用。拆模时间可根据气温和外加剂性能决定，一般条件下，平均气温在 0 ℃以上时，拆模时间不得少于 12 h。

④钢筋的加工、连接及安装应按照《混凝土结构工程施工质量验收规范》进行施工。底座框架的尺寸为高 0.5 m、长 1.2 m、宽 1.2 m 的长方体，底座钢筋笼为两层结构，间距为 30 cm。钢筋选用国标 12#螺纹钢。立柱钢筋结构为四根竖筋，利用圆钢进行捆绑。捆绑箍间距为 30 cm。其中，竖筋为国标 12#螺纹钢，箍筋为国标 8#圆钢。钢筋的长度根据圆柱高度现场确定。浇筑前要在钢筋笼内合适的位置预埋直径不小于 25 mm 的 PVC 管，用于后期布设 GNSS 天线电线。立柱浇筑

结束时要安装强制对中标志，并严格整平；立柱外表要保持清洁，预埋的 PVC 管要贯通。立柱浇筑一周后，进行 GNSS 和机柜的安装。为了防雨淋、日晒、防风和延长天线使用寿命，双频天线的保护罩采用华测生产的全封闭式 GNSS 专用天线罩，天线罩还有防盗、透过率高等优势。观测墩顶部装强制对中器，顶端加工有 5/8 英制螺旋以固定 GNSS 天线，天线柱下端通过螺栓与 GNSS 天线底座牢固连接，GNSS 天线底座要确保天线安装装置与观测墩形成一个整体。安装时，应考虑天线对空通视的要求、天线安放稳定性、天线维护便利性、外观美观性等因素。同时观测墩中心预留走线孔。

在机柜中；按数据传输路径，分别安装天线转换器、GNSS 接收机、串口服务器等。供电电源一并引入机柜，并且强电、弱电隔离布线，整洁美观，便于维护。机柜下端预留通线孔，供电源数据线接入。机柜距离地面宜≥30 cm。固定螺钉应拧紧，不得产生松动现象。外加防护警告装置，避免非工作人员破坏。

GNSS 设备安装、监测站设备安装如图 2-10、图 2-11 所示。

图 2-10　GNSS 设备安装

图 2-11　监测站设备安装

## 2.2.6 北斗/GNSS 数据调试

选取点位稳定、交通方便的 3~5 个 I 级 GNSS 基准点与全国 3~5 个 GNSS 卫星跟踪站进行联测，并获得在国际地球参考框架 ITRF 坐标系中的空间直角坐标（$X$、$Y$、$Z$）已经对应的 WGS-84 椭球上的坐标（$B$、$L$、$H$）。采集的 I 级基准点观测数据用 IGS 的精密星历和专业的 GNSS 后处理软件进行基线向量解算，并采用 GNSS-NET 软件进行网平差，求得基准点的坐标成果。

北斗/GNSS 监测软件系统总体分为数据处理模块、数据传输与储存模块、数据分析模块，是 GNSS 自动化监测系统的核心组成部分，相互独立又紧密关联与配合，而且所有操作均可提前设定后交由 GNSS 接收机独立测量并记录观测数据。

## 2.2.7 一体化气象监测站

一体化气象监测站是一款使用方便、测量精度高、集成多项气象要素的可移动观测系统。该系统采用新型一体化结构设计，做工精良，可采集温度、湿度、风向、风速、太阳辐射、雨量、气压、光照度、土壤温度、土壤湿度、露点等多项信息并做公告和趋势分析，该系统分有线站和无线站两种形式，配合软件使用可以实现网络远程数据传输和网络实时气象状况监测，是一款性价比突出的小型自动气象站。

一体化气象监测站由太阳能电池板和蓄电池供电，能够在野外连续运行15 个连续阴雨天，所以常在滑坡体布置一套一体化气象监测站，设备选型见表 2-2。

表 2-2 设备选型

| 要素 | 型号 | 测量范围 | 分辨率 | 准确度 |
|---|---|---|---|---|
| 土壤温度/℃ | PH-TW | −50~80 | 0.1 | ±0.5 |
| 大气温度/℃ | PH-QW | −50~100 | 0.1 | ±0.3 |
| 土壤湿度/%RH | PH-TS | 0~100 | 1 | ±3 |
| 大气湿度/%RH | PH-QS | 0~100 | 1 | ±3 |
| 风速/(m·s⁻¹) | PH-WS | 0~70 | 0.1 | ±(0.3±0.03) |

续表2-2

| 要素 | 型号 | 测量范围 | 分辨率 | 准确度 |
|------|------|----------|--------|--------|
| 风向/(°) | PH-WD | 0~360 | 1 | ±3 |
| 大气压力/MPa | PH-SZQY | 10~1100 | 0.1 | ±0.3 |
| 降水量/mm | PH-YL | 0~999.9 | 0.2 | ±4%（室内静态测试，雨强为 2 mm/min） |
| 总辐射/(W·m$^{-1}$) | PH-TBQ | 0~2000 | 1 | ±2% |

**1. 气象站位移监测安装**

一体化气象站监测配套使用的 H900 RTU 遥测终端，有 GPRS 和北斗传输双模通信功能，在一种通信方式中断时可以切换到另一种通信方式；通过 RTU 遥测终端传输至值班室监控中心服务器，提高了数据传输的安全性和可靠性；采用膨胀螺栓三角点固定（图 2-12）的方式，安装前对传感器进行初步校准测试，底部要求厚度不少于 100 mm 的混凝土固定，避免风对设备造成损坏，信号电缆须穿屏蔽管进行保护。

一体化气象监测站安装如图 2-13 所示。

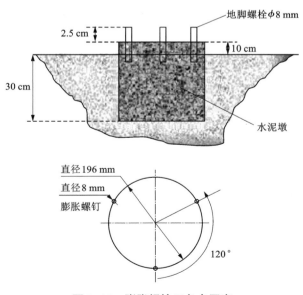

**图 2-12　膨胀螺栓三角点固定**

**图 2-13　一体化气象监测站安装示意图**

### 2. 内部位移监测

固定式测斜仪(图 2-14)由测杆、导向轮、连接软缆、传输电缆等组成。通常情况下，由多支固定式测斜仪串联装在测斜管内，通过装在每个高程上的倾斜传感器，测量出被测结构物的倾斜角度，由此描述结构物的变形曲线。同时，其测值可计算出测杆标距长度 500 mm 范围内的水平位移。固定式测斜仪可多支串联组装，亦可布设为一个测量单元独立工作，并可回收重复使用。固定式测斜仪能方便地实现倾斜测量自动化。

### 3. 监测点位设计

①根据监测网主剖面线和地表位移监测点进行内部位移选点。7#边坡选取 2 个典型点位进行内部位移监测，8#边坡选取 1 个典型点位进行内部位移监测，监测结果用于与表面位移监测数据互相辅助校准，综合比较分析。

②主剖面线需要进行立体式监测，上部滑面为 GNSS 地表监测设备，下部滑面为深部岩移设备。深部岩移和 GNSS 监测点应在同一垂线方向，根据现场情况进行调整，水平距离应保持在 10 m 范围内。

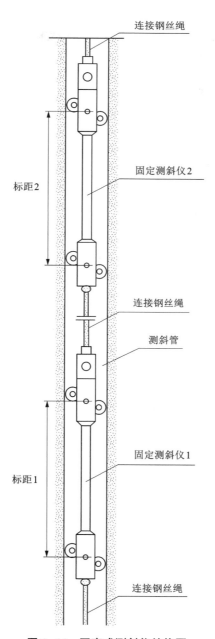

连接钢丝绳

固定测斜仪2

标距2

连接钢丝绳

测斜管

固定测斜仪1

标距1

连接钢丝绳

图 2-14　固定式测斜仪结构图

21

③内部位移每个监测孔内,应不少于 3 个监测点。

④内部位移监测孔深应在预想滑面下 10~60 m,孔径应为 108~200 mm。

**4. 气象站设备选型**

根据项目实际需求,气象站设备选型选用华测固定式测斜仪,如图 2-15 所示。技术参数见表 2-3。

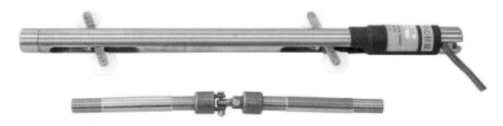

图 2-15 固定式测斜仪

表 2-3 技术参数

| 测量范围 | ±30° |
|---|---|
| 分辨率 | 0.008° |
| 精度 | 0.1% |
| 电气性能 | +12 V 直流电,功耗 120 mW |
| 导线颜色定义 | 红—电源正,黄—电源负,蓝—通信 A+,绿—通信 B- |
| 传感器尺寸 | 70 mm×35 mm,底座 96 mm×75 mm×5 mm |
| 传感器质量 | 0.6 kg |
| 使用环境 | 温度-20~60 ℃ |
| 抗震 | 100$g$ |

### 2.2.8 地下水位监测

**1. 地下水位监测原理**

振弦式渗压计适合长期埋设在水工结构物或其他混凝土结构物及土体内,测量结构物或土体内部的渗透(孔隙)水压力时,通过测定的水压力计算出水位,并可同步测量埋设点的温度。渗压计加装配套附件可在测压管道、地基钻孔中使用。振弦式渗压计由进水板、O 形阀、电路板、信号线圈等组成。渗压计结构、渗压计如图 2-16、图 2-17 所示。

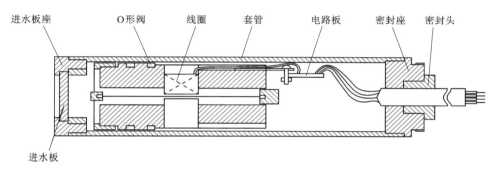

**图 2-16 渗压计结构**

**图 2-17 渗压计**

当被测水压荷载作用在渗压计上时,将引起弹性膜板的变形,其变形带动振弦转变成振弦应力,从而改变振弦的振动频率。电磁线圈激振振弦并测量其振动频率,频率信号经电缆传输至读数装置,即可测出水荷载的压力值;同时可同步测出埋设点的温度值。地下水动态监测点可结合内部位移监测点,共用监测孔进行施工,以减少成本,其主要作用是判断滑坡体内部的水压情况。

**2. 监测设备安装**

根据项目实际需求选择华测渗压计型号,其技术参数见表 2-4,测压管如图 2-18 所示,测压管安装实景如图 2-19 所示,渗压计安装如图 2-20 所示。

表 2-4  渗压计技术参数表

| | |
|---|---|
| 测量范围 | 0.1 MPa, 0.3 MPa, 0.6 MPa, 1 MPa, 2 MPa, 4 MPa |
| 测量精度 | 0.25%F. S.(曲线公式) |
| 分辨率 | 0.001 MPa |
| 使用环境温度 | −10~+70 ℃ |
| 温度测量范围 | −20~+80 ℃ |
| 温度测量精度 | ±0.5 ℃ |
| 外形尺寸 | 直径 32 mm, 长度 200 mm |
| 过压范围 | 2 Pa |
| 温度修正 | 内置智能芯片,实现电子编号,自动计算压强,自动温度修正 |

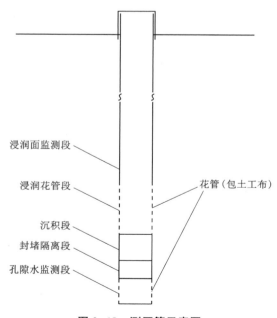

图 2-18  测压管示意图

图 2-19　测压管安装实景图

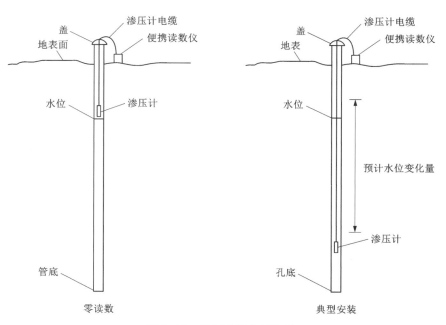

图 2-20　渗压计安装示意图

孔口保护装置的制作与安装：根据实际情况可制作并安装钢管罩、水泥罩、砖坯罩等装置对测压管管口进行保护，浸润线孔口保护装置实景如图2-21所示。

图2-21　浸润线孔口保护装置实景图

## ▶ 2.3　大坝自动化监测系统总体设计

### 2.3.1　监测系统架构

系统分为现场自动监测报警和分析发布两大部分，其中现场自动监测报警部分由传感器子系统、数据通信子系统、数据处理子系统、监控报警子系统组成，分析发布部分由数据分析发布与信息共享系统组成。水利在线监测系统拓扑图如图2-22所示。

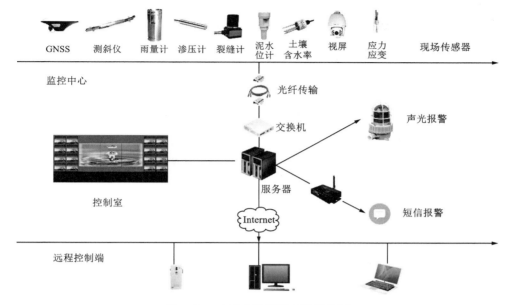

**图 2-22　水利在线监测系统拓扑图**

## 2.3.2　系统实现的主要功能

### 1. 水利安全的监测分析功能

水利安全的监测分析有以下几项功能:

①系统具有稳定可靠的采集、显示、存储、数据通信、管理、系统自检和报警功能。

②系统具有远程控制功能,可通过串口利用网络对监控主机进行遥控监测,实现数据采集软件上的所有功能,并有权限对数据采集软件中的历史数据进行提取。

③系统可监测水库大坝的状态变化,在发现不正常现象时及时分析原因,采取措施,防止事故发生,以保证周围人民生命财产安全。

④系统可定期进行观测数据的整编,为以后的设计、施工、管理提供资料。

⑤系统可随时对观测资料进行分析,对泥石流状态进行技术鉴定,总结经验,为制定安全措施、评价水库大坝状态提供数据。

⑥能根据实时采集数据自动绘出水库大坝地下水位变化线并给出相关数据;

27

能对山体沉降和水平位移进行分析，并根据分析结果对变形的发展做出预测。

⑦系统能综合历史数据和实时采集的渗流、水位、变形等数据，按照国家有关标准进行相关过程线分析、位势分析、滞后时间分析、沉降分析、水平断面分析、纵断面分析、等值线分析、安全状态分析等有关该水库的安全分析。

⑧系统具有良好的防雷抗干扰性能，确保系统不因雷击而损坏。

**2. 水利安全报警与应急处置联动功能**

监控系统设有自动预警、报警功能，当监测参数有向危险状态演变时，系统将发出预警信息。当监测参数超过预设警戒值时，系统将发出报警信息，从而有效预防事故，为有关部门提供数据支持。在预警、报警发生时，系统将进行：①语音提示预警、报警信息；②文字提示预警、报警信息；③灯光闪烁提示预警、报警信息；④手机短信提示预警、报警信息；⑤安全参数越限处置记录单；⑥自动调阅应急处置方案。以上信息可同步传输到现场值班室、总调度室、政府安监部门等，水利在线监测报警处置流程图如图2-23所示。

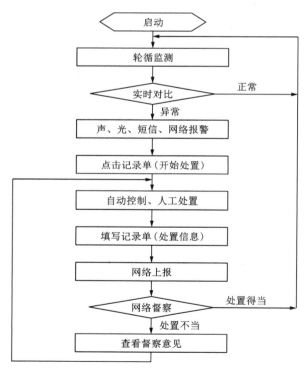

**图2-23 水利在线监测报警处置流程图**

**3. 监测系统的运行保障管理功能**

为了确保监控系统能长期可靠运行，必须对构成系统的监测设备、通信链路、监控设备、报警设备、配套建筑设施、电力供应、相关的操作人员等各个环节进行随时(定期)检查校验，建立运行档案，发现任何影响系统运行的问题，及时处置。其包括的内容有：①仪器设备的自检记录；②仪器设备的维修记录；③通信状况的记录；④防雷状态的记录；⑤相关建筑设施的巡视记录。

## 2.3.3　监测内容

本监测方案坚持经济实用、科学先进的原则，结合业主文件要求，设计内容为水库主坝、副坝、新增非常溢洪道、正常溢洪道监测。

控制中心设在水利监测数据中心，可实现管理员远程设置各用户有相关权限功能，并预留上传各级监管部门接口的功能。GNSS 作为一种三维的空间定位技术，在变形监测中得到了越来越广泛的应用和推广，与常规变形监测技术相比，其突出的优越性主要体现在以下几个方面。

**1. 测站之间无须通视**

利用 GNSS 进行定位时，对测站间的通视情况不做要求，只要测站信号接收良好、点位易于保存即可，因此 GNSS 监测网在选点时更加灵活、方便，减小了常规测量中观测过渡点和转点的工作量，减轻了劳动强度，提高了观测精度，测绘效益显著。

**2. 全天候观测**

由于目前 GPS、GLONASS、BDS 等卫星定位系统的建成，GNSS 用户可在一天内的任意时刻及地面上的任意一点同时观测到 4 颗以上的卫星，也可全天候连续进行 GNSS 定位测量，不受气候条件的影响，即使在风雪雨雾的天气也能进行正常工作，大大提高了监测效率，降低了外业工作强度，尤其对水利的监测工作，显示出了不可比拟的优越性。

**3. 自动化程度高**

GNSS 接收机能自动跟踪锁定卫星信号，自动实时地接收数据，而且还为用户预留了必要的接口，便于结合计算机技术建立无人值守的自动化监测系统，从而实现数据从采集、传输、处理、分析、报警到入库的自动化和实时化，这对长期连续运行的变形监测系统具有十分重要的意义，缩短了观测周期，大大降低了监测成本，提高了监测资料的可靠性及用户对变形的响应能力。

**4. 高精度三维定位**

采用传统测量方法进行变形监测时，平面位移和垂直位移需分别处理，且监测的点位和时间也可能不一致，从而增加了工作量，这加大了变形分析的难度。而 GNSS 可同时精确测定测站点的平面位置和大地高程，即一次性获得高精度的测站点的三维坐标，实现了监测时域、空域的严格统一，对进一步数据处理和变形分析具有重要作用。

**5. 减少系统误差的影响**

变形监测主要是根据大量长期变形监测的观测数据，计算出变形监测点在不同周期中坐标数据之间的差值，即形变量，而对变形监测点的三维坐标不做要求。在监测数据处理与分析过程中，某些共同系统误差可能会直接影响不同周期变形监测点的坐标值，但对形变量的影响却不大。因此在变形监测中，可以采用一定的方法对系统误差进行消除或削弱，就能保证变形监测的精度，减少各种因素对变形监测结果的影响。

**6. 抗干扰性好、保密性强**

GNSS 进行定位监测，实质是一种被动式导航定位，即用户设备不需要发射任何信号，只需单一地接收 GNSS 卫星信号即可得到定位信息和导航数据。这种定位形式不仅可容纳用户数量多，而且隐蔽性好。此外，伪噪声码技术的应用使得数据的保密性和抗干扰性特别好。

## ▶ 2.4　水库大坝自动化监测系统传感器设计

### 2.4.1　监测点位

根据监测网设立要求将 GNSS 监测点布设在主坝上，坝体每个段面布设的 GNSS 监测点至少为 3 个，不要求平均布设，但是必须在特定地貌单元布设。监测站布置需要形成横向剖面。横向剖面可以对坝体位移进行修正，实现多重监测、多重检查，提高水库大坝监测预警准确性。根据设立的监测网及现场条件使

GNSS 地表监测设备形成 $X$ 纵、$X$ 横的网状结构,用于分析坝体表面位移趋势,同时使用横向剖面进行位移修正,从而实现整个坝体表面的监测。

根据水库大坝的特征,同时满足以下 GNSS 本身选址的要求:

①视野开阔,视场内障碍物的高度不宜超过 15°。

②远离大功率无线电发射源(如高压电线、移动信号塔电台、微波站等),其距离不小于 200 m。

③尽量靠近数据传输网络。

④观测墩的高度不低于 2 m。

⑤观测标志应远离震动。

根据现场实际情况并结合设计依据,点位具体布置情况如下:

①非常溢洪道和新增非常溢洪道布点情况。新增非常溢洪道每个桩基布设 1 个 GNSS 监测点,新增非常溢洪道共 6 个桩基,合计布设 6 个 GNSS 观测点;非常溢洪道共 12 个桩基,共布设 12 个 GNSS 观测点。

②主坝监测点布设情况。主坝共分成 7 个断面,第 1~6 个断面每个断面布设 4 套 GNSS 监测点,第 7 个断面布设 3 套 GNSS 监测点,合计布设 27 套,点位实景分布如图 2-24 所示。

**图 2-24　点位实景分布图**

③正常溢洪道布点情况。每个桩基布设 1 套 GNSS 监测点,正常溢洪道一共 9 个桩基,合计布设 9 套 GNSS 观测点。

④副坝监测点布点情况。副坝共分成 11 个断面,每个断面布设 GNSS 监测点数量为 3 套,总计布点数量为 33 套,断面点位分布如图 2-25 所示。

图 2-25 断面点位布置图

⑤整座水库共选取 3 个 GNSS 基准站,具体基站位置如图 2-26 所示。

图 2-26 基站位置图

## 2.4.2　设备选型

根据系统的实际情况及所要达到的技术指标,并参照《全球定位 GPS 系统测量规范》,表面位移监测系统选择华测监测 P5 专用接收机和配套天线罩,见图 2-2。

## 2.4.3　接收机外观

本产品外观主要包括前面板、后面板(图 2-27)、防护圈,除此以外,产品上表面有几道防滑线,侧面有产品标签,底部有一些螺丝孔位。防护圈主要起产品防撞、防摔、防水、防摩擦等保护仪器的作用;上表面的防滑线一般用于防摩擦,也可达到美观的效果;产品标签上标有产品的型号、产品编号、产品的生产地址等信息;底部的螺丝孔位用于仪器的固定。

主机前面板主要包括电源指示灯、液晶屏、电源键、返回键、防水透气膜孔、上下左右方向键及 OK 键。主机后面板主要包括 GNSS 电缆口、BD9 串口、USB 口、RJ45 网口、外接频标、Lemo10 针串口 COM1、Lemo10 针串口 COM2。

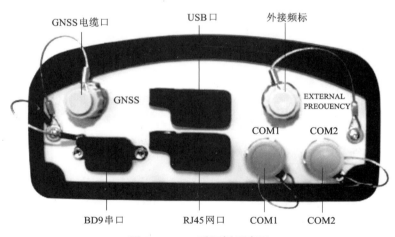

图 2-27　P5 后面板示意图

P5 正面为一面液晶显示屏、一个电源指示灯和 7 个按键,包括电源键、ESC 键、上下左右 4 个方向键及一个 OK 键。开机后液晶显示器上面会显示接收机的定位状态、卫星数量、网络状态、接收机的 IP 地址、子网掩码、网关、DNS 服务器、HTTP 端口、内置电池电量、固件版本及出厂日期。其中，IP 地址、子网掩码、DNS 服务器、HTTP 端口可以直接在接收机上进行编辑：按下 OK 键，进入编辑状态，上下方向键可增大或减小每一位数字，左右方向键可变换编辑对象，更改完成后再次按下 OK 键即可立刻生效，若无须更改可按 ESC 键退出编辑。

### 2.4.4 施工安装

大坝自动化监测施工安装步骤如下：

①开挖基础。在选定地址开挖到冻土层（根据当地情况确定）以下，根据图纸施工。

②钢筋笼绑扎。立柱钢筋结构为四根竖筋，利用圆钢进行捆绑。捆绑箍间距为 30～50 cm。其中竖筋为国标 12#螺纹钢，箍筋为国标 8#圆钢。钢筋的长度根据圆柱高度现场确定。

③主体浇筑。采用现场混凝土浇筑观测墩主体，或者采用预制好的观测墩立杆，进行埋设。

④设备安装。立柱浇筑凝固后，进行 GNSS 和机柜的安装。混凝土建筑立杆图如图 2-28 所示，镀锌钢管立杆图如图 2-29 所示。

**图 2-28　混凝土建筑立杆图**

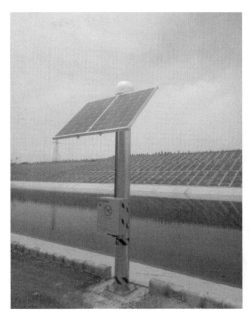

图 2-29　镀锌钢管立杆图

## 2.5　通信、供电及防雷系统设计

### 2.5.1　通信类型介绍

结合项目实际情况通信方式采用 GPRS、北斗传输双模通信、光纤网桥等功能，当一种通信方式中断时可以切换到另一种通信方式。通过 RTU 遥测终端传输至值班室监控中心服务器，提高了数据传输的安全性和可靠性。本研究接收机内插 4G 流量卡，可将数据回传至数据中心。

### 2.5.2　供电系统

**1. 太阳能供电**

太阳能供电时，需根据当地的日照时间、最长阴雨天气来配置太阳能电池板大小及蓄电池容量。确保蓄电池能够持续给设备供电。电池板制作安装支架，朝向正南，倾角为40°~45°，根据当地太阳高度角确定。注意太阳能电池板不能有任何遮挡，否则无法充电，视情况定期清洁太阳能电池板。电线走线尽量选用国标；太阳能电池板接线要牢固，裸露在外面的线要穿管，推荐 PVC 管，可以弯折走线，美观而且耐用。蓄电池正负极不要短接，用地埋箱安装，接口处做好防水处理，用防水胶带裹一层再用绝缘胶带绑扎好。南方地区至少埋深 50 cm 以下，北方地区要求一定要在冻土层以下（可能埋深 1 m 多）。在地埋箱内部加装保温材料（有些高海拔地区，冬季气温低的也要这样），回填的时候注意不要破坏地埋箱体，有条件的做好位置标记。太阳能供电系统组合图如图 2-30 所示。

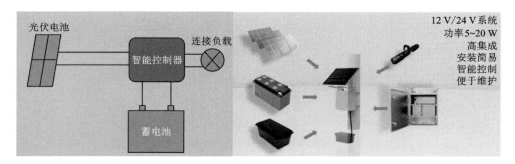

图 2-30　太阳能供电系统组合图

### 2. 市电供电

根据项目的实际情况，从监控中心或者就近的地方取电。为了保证安全，市电拉电方式一般有两种，一种是架空线，另一种是地埋线。

（1）架空线

架空线采用电线杆或者金属立杆，注意架空线的材料，一般要买铠装的适合架空用的电线，抗拉、抗拽，要能够长期野外使用。根据拉电的距离确定电线规格，距离过长的话要用较粗的线缆。

（2）地埋线

当接入市电距离较短或不方便架电线杆时，可以将电线埋在地下。地埋线需要注意的是做好防水绝缘措施，电线最好是完整的，不要有接头；埋入地下 30 cm 以上，用比较松软的泥土埋设，不能有石头、沙石等硬物；埋设的路线不要有重物碾压。

本研究供电采用光伏供电，如图 2-31 所示。

图 2-31　本书供电采用光伏供电

## 2.5.3　防雷系统

**1. 直接电雷防护**

具体避雷方式：避雷针与被保护物体横向距离不小于 3 m，避雷针高度按照"滚球法"确定，保护角度近似按照 45°计算。避雷针选用 ZGZ-200-1.8B 型号避雷针，如图 2-32 所示。

ZGZ-200-1.8B 型号避雷针技术参数见表 2-5。

图 2-32　ZGZ-200-1.8B 型号避雷针

表 2-5　ZGZ-200-1.8B 型号避雷针技术参数

| 雷电通流容量 | 200 kA |
| --- | --- |
| 电阻 | ≤1 Ω |
| 高度 | 1.8 m |
| 质量 | 4.8 kg |
| 最大抗风强度 | 40 m/s |
| 安装尺寸 | $\phi(70\pm0.26)$ mm |

## 2.6　自动化监测控制中心设计

### 2.6.1　控制中心介绍

控制中心由多台计算机、软件、通信设备、宽带网和局域网等组成(根据用户现场情况和要求配置)。控制中心对各信号通道进行参数设定,这些参数包括各通道的开/关选择、各通道的时间设定等,并可设定系统的工作方式,采集数据的传输方式(实时或事后)控制及在线监测系统分析、显示、发布等。

### 2.6.2　设计原则

在线监测系统应包含数据自动采集、传输、存储、处理分析及综合预警等部分,并具备在各种气候条件下实时监测的能力;监控中心应考虑整体防潮、防尘及降温;应配置专用万维网络接入,方便实现远程连接。控制中心应配置专用机柜、服务器电脑及显示设备等。控制中心要求整体布局合理、设备规整、运行环境符合相关要求。计算机系统与数据采集装置连接在一起的监控主机和监测中心的管理计算机配置,应满足在线监测系统的要求,并应配置必要的外部设备;控制中心环境温度保持在 20~30 ℃,湿度保持不大于85%,系统工作电压为(220±22)V,系统故障率不大于5%。

### 2.6.3　总体布局

#### 1. 基本要求

显示设备宜选用大尺寸液晶数字显示器,配置专业数据服务器和视频录像机,并配备可给数据服务器及视频录像机提供至少延续12 h电力能力的大功率后备电源,同时可视需要配备发电机以延长系统续航能力。

控制中心应布置服务器电脑、专用显示设备、硬盘视频录像机、短信报警器、声光报警器、网络交换机等设备,有条件的还可考虑防潮、防尘、防静电、空调等设施。

控制中心典型布置如图 2-33 所示。

图 2-33 控制中心经典布置图

## 2. 服务器选型及其技术参数

根据系统软件对服务器的技术参数(表 2-6)要求,选择戴尔(DELL)T140 服务器,如图 2-34 所示。

图 2-34 戴尔(DELL)T140 服务器

**表 2-6　戴尔(DELL)T140 技术参数**

| 服务器 | 处理器：CPU 类型为英特尔志强、CPU 频率 3.0 GHz、处理器描述英特尔至强 E3-1220 v5 、CPU 缓存 8 M |
| --- | --- |
| | 主板：扩展槽 1×8 PCIe 3.0(×16 接口)、1×4 PCIe 3.0(×8 接口)、1×1 PCIe 3.0(×1 接口)，芯片组 Intel C236 系列芯片组 |
| | 内存：内存类型 DDR4 2133MHz ECC 四通道内存，内存大小 8GB，最大内存容量 64G，内存插槽数 4 个 |
| | 存储：硬盘大小 1 T、硬盘类型 SATA、内部硬盘位数为最多可以安装四块 3.5 英寸硬盘、光驱 DVDRW |
| | 网络：网络控制器 Broadcom BCM5720 |
| | 电源性能：电源为非冗余、功率 290 W |
| | 外观特征：尺寸 360 mm×175 mm×435 mm |
| | 配有杀毒软件 |
| 显示器 | 规格：16：9；锐比：70000：1；响应：2 ms；亮度：300 nits |

### 3. 以太网交换机

交换机是一种网络连接设备，它的主要功能包括物理编址、网络拓扑结构、错误校验、帧序列及流控。在实际项目应用中，它可以把多个点的网络信号集聚到一个点后传输至控制中心。以太网交换机如图 2-35 所示。

**图 2-35　以太网交换机**

根据项目现场的实际要求，可选择 5 口、8 口、24 口不同型号的以太网交换机。以太网交换机技术参数见表 2-7。

表 2-7　以太网交换机技术参数

| 主要参数 | | | |
|---|---|---|---|
| 产品类型 | 智能交换机 | 应用层级 | 二层 |
| 传输速率 | 10/100 Mbps | 交换方式 | 存储-转发 |
| 包转发率 | 5.4 Mpps | 背板带宽 | 32 Gbps |
| 端口参数 | | | |
| 端口结构 | 非模块化 | 端口数量 | 20 个 |
| 端口描述 | 16 个 10/100 Base-TX 以太网端口，2 个 10/100/1000 Base-TX 以太网端口，2 个复用千兆 SFP | | |
| 功能特性 | | | |
| 网络标准 | IEEE802.1X | VLAN | 支持 |
| QOS | 支持 | 网络管理 | 支持 WEB 网管 |
| 其他参数 | | | |
| 电源电压 | 100~240 AC | 电源功率 | <14.5 W |
| 产品尺寸 | 442 mm×220 mm×43.6 mm | 端口防雷能力 | 6 kV |
| 工作温度 | 0~50 ℃ | 工作湿度 | 10%~90% |
| 存储湿度 | 10%~90% | 存储温度 | −5~55 ℃ |

**4. UPS 不间断电源**

　　为了保障控制中心系统的正常运行，须在控制中心安装不间断电源（uninterruptible power supply，UPS）。在市电电压不稳定或停电时，UPS 会启动并为系统供电。UPS 原理如下：

　　①市电正常的时候，输出端为稳压过后的市电。

　　②市电断开后，切换电池组进行逆变输出交流电压。

　　③标准型和长效型的区别。

　　④根据实际负载总功率，选择合适的 UPS。

　　⑤不同功率的 UPS 逆变直流电压不同，需配套不同数量的电池组。表 2-8 为不同数量的电池组参数，控制中心电源示意如图 2-36 所示。

**表 2-8　不同数量的电池组参数**

| 型号 | 额定容量/kVA | 输入 | | | 输出 | | | | 电池 | | |
| --- | --- | --- | --- | --- | --- | --- | --- | --- | --- | --- | --- |
| | | 电压交流率/V | 功率因数 | 频率/Hz | 电压交流率/V | 频率/Hz | 负载功因 | 过载能力 | 类型 | 备用时间/min | 额定电压/V |
| C1K | 1 | 115~300（满载） | >0.98（满载） | 40~60（可调） | 220×(1±0.2%) | 与电网同步（市电模式）50×(1±0.2%)（电池模式） | 0.8 | 47 s 负载>110% 25 s 负载>150% 300 ms 负载>200% | 阀控式免维护铅酸蓄电池 | >11（半截） | 36 |
| C1KS | | | | | | | | | | …… | |
| C2K | 2 | | | | | | | | | >11（半截） | 72 |
| C2KS | | | | | | | | | | …… | |
| C3K | 3 | | | | | | | | | >11（半截） | 96 |
| C3KS | | | | | | | | | | …… | |

长效型 UPS

市电 220 V

输出至负载

直流电池柜

**图 2-36　监控中心电源示意图**

## 2.6.4 软件系统设计

系统总体可以分为三个部分：即数据处理分析模块、数据传输与储存模块、数据展示平台。此三个部分是整个自动化监测控制中心的核心组成部分，它们之间相互独立又紧密关联与配合，而且所有操作完全是人工提前设定后由软件自动完成。

软件系统架构如图 2-37 所示。这三个模块具体配合流程为固定布置的传感器将监测数据调制成可传输的信号，根据传输的远近、所处的位置选择无线或有线的通信方式，在数据采集工作站完成数据的自检和本地存储，并通过控制信号对参数配置和采样控制完成操作。

在数据进入处理服务器后，数据处理软件完成自动解算、平差等工作，数据分析和显示功能可实现实时监测统计，并对数据进行评估和预警。数据处理完成的同时将原始数据和解算结果，以及数据分析得到的预警信息、时间信息、健康状态等存储到数据库，数据库也可为分析模块提供历史监测数据等信息。

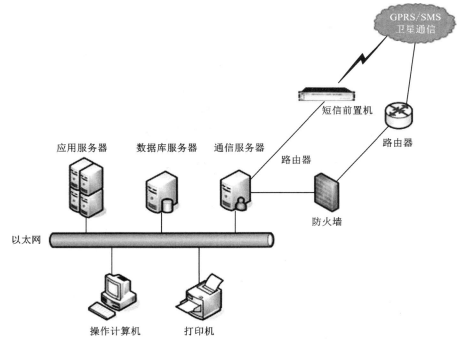

图 2-37 软件系统架构图

### 2.6.5　数据采集软件介绍

HCMonitor 是自主研发的数据处理软件,数据接收处理是水利、水电 GNSS 自动化监测系统的核心组成部分,数据处理结果精度的高低关系到我们对变形体稳定性的判断、分析,且会影响管理人员的决策。HCMonitor 主界面图、接收机信息图如图 2-38、图 2-39 所示。HCMonitor 软件的具体功能特点如下:

①Windows95/NT 32bit 结构。

②多线程,多任务设计。

③先进的 GNSS 数据算法:具有 OTF 解算、卡尔曼滤波、三差解算等,同时支持实时、后处理解算,解算精度 2~3 mm。

④图形用户界面,实时显示基准站、监测站的工作状态。

⑤具有防死机功能,一旦某个监测站出现死机现象,软件马上会通过数据信号触发的方式实现接收机自动重启。

⑥支持远程控制功能,软件可自动向 GNSS 接收机发送用户更改参数的命令(如采样间隔、高度截止角等)。

⑦兼容多个品牌的接收机,如 Trimble、Leica、Topocon、Magellan 等,同时也支持"一机多天线"技术。

**图 2-38　HCMonitor 主界面图**

⑧完善的坐标系统管理，支持北京 54、西安 80、CGCS2000、自建系统等。

⑨拥有丰富的 GNSS 误差模型库，支持高精度长基线解算，精密星历解算。

⑩支持均值滤波器、Kalman 滤波器。

⑪软件自动保存解算数据到数据库，同时自动保存 GNSS 原始数据到本地磁盘。

⑫支持有线、无线多种通信方式。

⑬提供接口源代码，支持用户二次开发。

图 2-39　HCMonitor 接收机信息图

HCMonitor 测站三维坐标曲线图如图 2-40 所示。

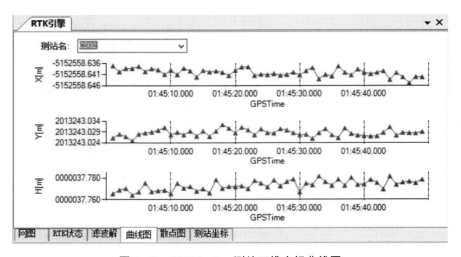

图 2-40　HCMonitor 测站三维坐标曲线图

### 2.6.6　数据处理解析介绍

HCSim2 是针对地质灾害监测、矿山监测、桥梁监测、水利水文监测等自主研发的系统软件，可解析处理 GNSS、雨量计、测斜仪、渗压计、地声/次声采集仪等不同类型的传感器数据。该软件具有很强的可扩展性，可兼容处理不同厂家的传感器。HCSim 采集数据如图 2-41 所示。

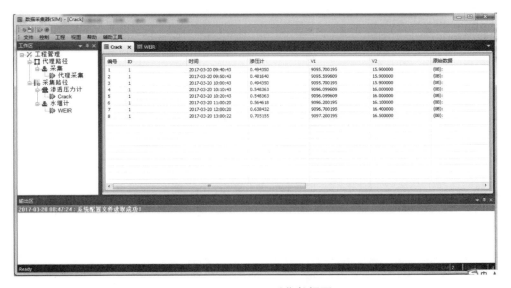

**图 2-41　HCSim 采集数据图**

### 2.6.7　自动化监测预警系统平台介绍

监测预警系统平台软件是由华测公司针对水库大坝特征自主开发的系统软件。该监测软件 web 端为 B/S 架构设计，通过网页即可查询监测情况；软件功能多样化，有表面位移监测、雨量计监测、内部位移监测、水位监测、土压力监测、裂缝监测等 19 个监测项目，用户可根据具体情况在系统管理中选择功能项目。软件中监测变化数据将直观地用曲线显示出来；该软件具有很强的可扩展性，除了常用的监测参数外，还预留了 100 多个监测参数接口，方便系统的扩展。软件网页登录界面如图 2-42 所示。

图 2-42　软件网页登录界面

### 1. 软件功能

监测系统能自动采集数据、变形自动分析、自动预报预警、自动给出单次和累计测量数据动态曲线图及变形速率变化动态曲线图；该监测软件为 B/S 架构设计，通过网页即可查询监测情况；软件采用多层设计，用户可建立"数字自动化监测"树形关系；软件功能多样化(GNSS 位移监测、雨量计监测、泥水位监测、地声监测、次声监测、裂缝监测等)，用户可根据实际水库大坝具体情况在系统管理中选择功能项目；软件中监测变化数据将直观地用曲线显示出来；软件具有断面分析、位移矢量分析、速度和加速度分析、历史数据查询、分级用户管理和分级报警系统。软件可显示监测结构图和传感器布点图等，软件存储模块为 SQL 数据库，能存储海量数据。

### 2. 软件特点

系统软件整体架构包括监测项目的分布输入、功能模块的架构等域名解析，外网可以通过输入域名登录该系统；数据传输接口可自动或手动输入各监测点及各监测手段的监测数据，不限数量；地图的采集、导入与管理，可直观显示各监测点的分布、组成等。

对于不同的监测点可能采用不同的监测手段，软件可任意添加和删除各监测手段，并对数据进行分析。

### 3. 数据库系统开发

对所采用的数据库系统进行二次开发，使其可存储所有监测手段的监测数据和视频数据。数据库系统如图 2-43 所示。

| | ID | ID_WATER_LEVEL_POINT | DISPLACEMENT_Y | TIME | ROWID |
|---|---|---|---|---|---|
| 1 | 261718 | 0 | 6.16652800 | 2011-3-2 14:19:48 | AAAXxBAAFAAACR8AAA |
| 2 | 261719 | 0 | 6.16158900 | 2011-3-2 14:49:48 | AAAXxBAAFAAACR8AAB |
| 3 | 261720 | 0 | 6.16006900 | 2011-3-2 15:19:48 | AAAXxBAAFAAACR8AAC |
| 4 | 261721 | 0 | 6.16500800 | 2011-3-2 15:49:48 | AAAXxBAAFAAACR8AAD |
| 5 | 261722 | 0 | 6.15626900 | 2011-3-2 17:19:47 | AAAXxBAAFAAACR8AAE |
| 6 | 261723 | 0 | 6.14828900 | 2011-3-2 17:49:48 | AAAXxBAAFAAACR8AAF |
| 7 | 261724 | 0 | 6.14373000 | 2011-3-2 18:19:48 | AAAXxBAAFAAACR8AAG |
| 8 | 261725 | 0 | 6.14373000 | 2011-3-2 19:19:48 | AAAXxBAAFAAACR8AAH |
| 9 | 261726 | 0 | 6.14069000 | 2011-3-2 19:49:48 | AAAXxBAAFAAACR8AAI |
| 10 | 261727 | 0 | 6.13613000 | 2011-3-2 20:19:48 | AAAXxBAAFAAACR8AAJ |
| 11 | 261728 | 0 | 6.13955000 | 2011-3-2 20:49:48 | AAAXxBAAFAAACR8AAK |
| 12 | 261729 | 0 | 6.13727000 | 2011-3-2 21:19:48 | AAAXxBAAFAAACR8AAL |
| 13 | 261730 | 0 | 6.14069000 | 2011-3-2 21:49:48 | AAAXxBAAFAAACR8AAM |
| 14 | 261731 | 0 | 6.13537000 | 2011-3-2 22:19:48 | AAAXxBAAFAAACR8AAN |
| 15 | 261732 | 0 | 6.13423000 | 2011-3-2 22:49:48 | AAAXxBAAFAAACR8AAO |
| 16 | 261733 | 0 | 6.13803000 | 2011-3-2 23:19:48 | AAAXxBAAFAAACR8AAP |
| 17 | 261734 | 0 | 6.13423000 | 2011-3-2 23:49:48 | AAAXxBAAFAAACR8AAQ |
| 18 | 261735 | 0 | 6.12663100 | 2011-3-3 0:19:48 | AAAXxBAAFAAACR8AAR |
| 19 | 261736 | 0 | 6.13385000 | 2011-3-3 0:49:48 | AAAXxBAAFAAACR8AAS |
| 20 | 261737 | 0 | 6.12739100 | 2011-3-3 1:19:48 | AAAXxBAAFAAACR8AAT |
| 21 | 261738 | 0 | 6.12815100 | 2011-3-3 1:49:48 | AAAXxBAAFAAACR8AAU |
| 22 | 261739 | 0 | 6.12321100 | 2011-3-3 2:19:48 | AAAXxBAAFAAACR8AAV |
| 23 | 261740 | 0 | 6.12131100 | 2011-3-3 2:49:48 | AAAXxBAAFAAACR8AAW |
| 24 | 261741 | 0 | 6.13689000 | 2011-3-3 4:19:48 | AAAXxBAAFAAACR8AAX |
| 25 | 261742 | 0 | 6.12739100 | 2011-3-3 4:49:48 | AAAXxBAAFAAACR8AAY |

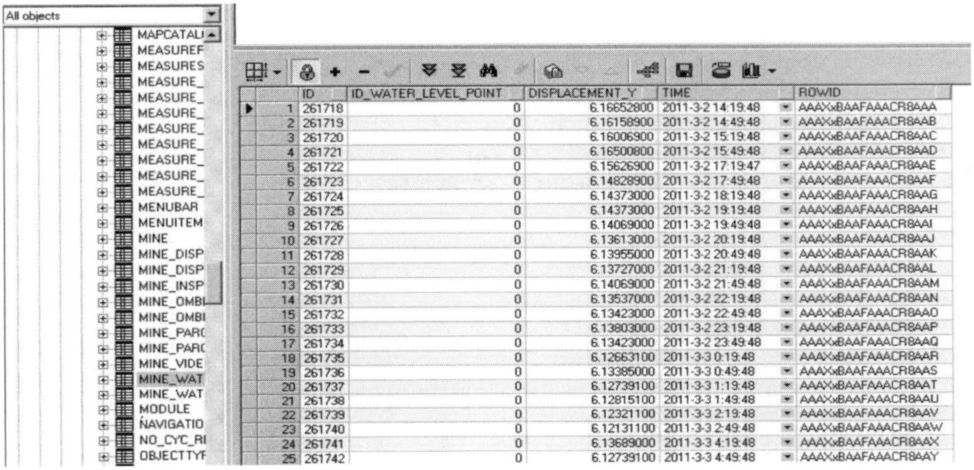

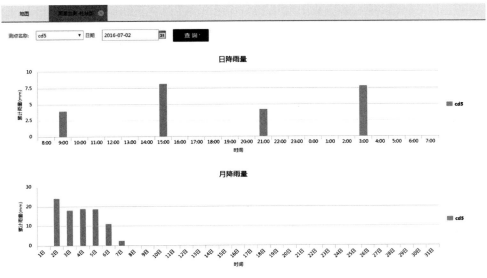

**图 2-43　数据库系统图**

### 4. 坐标转换

将各种监测手段的数据转化为监测体坐标，使其直观、形象。雨量监测模块，如图 2-44 所示。

**图 2-44　雨量监测模块**

**5. 数据存储及数据格式定义**

定义好数据格式，可支持各个厂家监测方法的监测数据；可对各个监测手段的数据进行历史回放、趋势分析等。数据曲线图如图 2-45 所示。

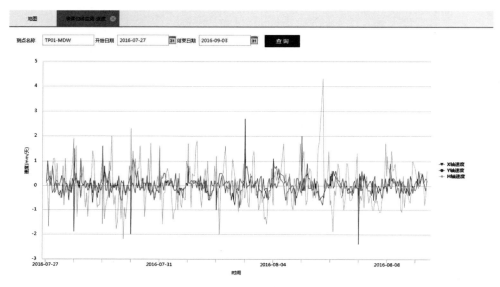

**图 2-45　数据曲线图**

根据监测体的结构、设计限差等设置不同级别的报警参数，如图 2-46 所示。

软件自动评估监测体的安全状况；对人工巡检、历史数据、登录日志等进行有效管理；根据预先设定的时间系统自动生成各监测手段的报表，同时通过邮件方式自动发给相关人员。生成报表如图 2-47 所示。

**6. 管理员系统**

管理员负责管理整个系统，包括系统的维护、用户名与密码管理、不同用户授权管理等。

对于不同的用户具有不同的权限，企业只能查看本企业的情况，县级单位只能看本县相关信息，市级单位只能看本市相关信息。预警发布形式灵活多样，可根据数据的危险程度采用短信、网页、邮件、声音、大屏幕等方式和渠道进行分级发布。用户权限管理如图 2-48 所示。

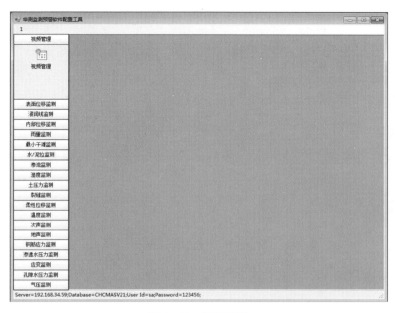

图 2-46　报警配置

图 2-47　生成报表

图 2-48　用户权限管理图

## 7. 手机客户端

本研究为了方便管理人员管理项目现场灾害情况，实现在任何地方都能实时观测监测数据，特基于 android 系统智能手机系统开发了手机客户端。手机客户端如图 2-49 所示。

图 2-49　手机客户端

## 2.6.8　洋河水库自动化变形监测数据分析

### 1. HCMonitor 软件数据接收及解算

洋河水库自安装大坝位移监测以来监测站点位共计 34 处，通过 HCMonitor 软件检查各监测站点位运行状态良好，数据传输正常。站点信息如图 2-50 所示。根据软件分析各 POST 引擎每个小时数据解算正常，组网解算如图 2-51 所示。

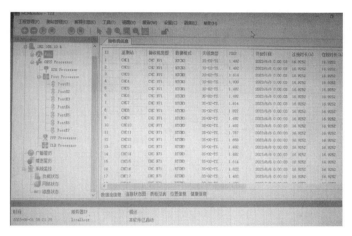

图 2-50　监测站点信息

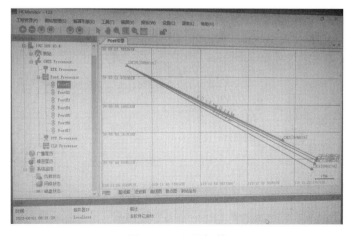

图 2-51　组网解算

### 2. MAS 网页数据分析

移动代理服务器(mobile agent server,MAS)提供了一个网页式的管理平台,洋河水库地图显示如图 2-52 所示。通过 MAS 可视化,每个断面分析一个点位,位移变化趋势如图 2-53 所示,从图中可清晰地看出各点位位移变化量基本保持在 5 mm 左右。根据各模块运行数据,导出的断面曲线分析图如图 2-54 所示,速度曲线分析如图 2-55 所示,数据列表查询如图 2-56 所示,预警信息展示如图 2-57 所示,单点矢量分析如图 2-58 所示,报表查询及导出如图 2-59 所示。

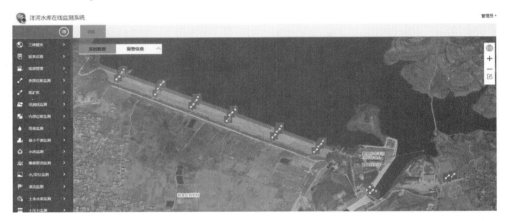

**图 2-52　地图显示**

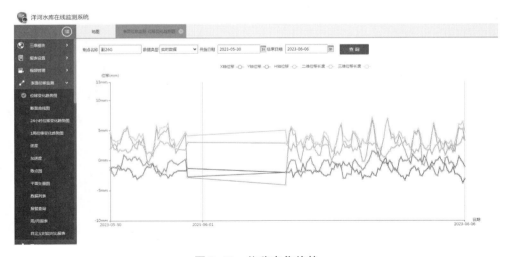

**图 2-53　位移变化趋势**

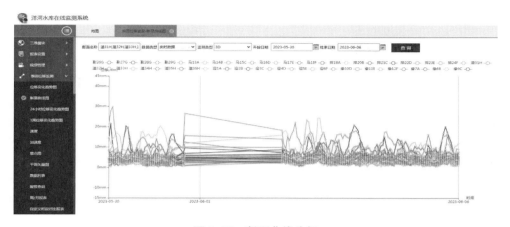

图 2-54　断面曲线分析

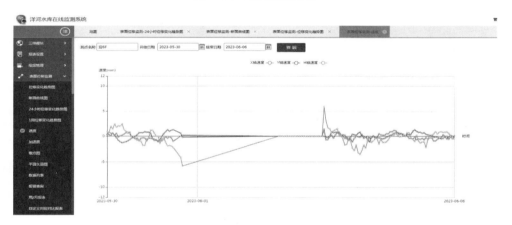

图 2-55　速度曲线分析

图 2-56　数据列表查询

**图 2-57　预警信息展示**

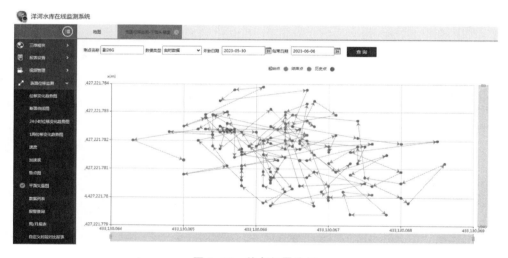

**图 2-58　单点矢量分析**

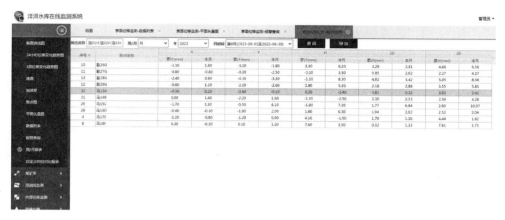

图 2-59　报表查询及导出

### 3. 洋河水库安装位移数据半面分析

以 2021 年 6—12 月与 2022 年 1—6 月为例，数据分析见表 2-9 与表 2-10。

表 2-9　2021 年 6—12 月位移数据半面分析表

| 断面名称 | 测点名称 | $X$ 累计位移 /mm | $Y$ 累计位移 /mm | $H$ 累计位移 /mm | 2D /mm | 3D /mm |
|---|---|---|---|---|---|---|
| 主坝 | 1 | −0.300000 | 0.600000 | 3.300000 | 0.6708 | 3.3675 |
| 主坝 | 2 | −0.150000 | 0.100000 | 2.500000 | 0.1414 | 2.504 |
| 主坝 | 3 | −0.150000 | 0.300000 | 3.900000 | 0.3162 | 3.9128 |
| 主坝 | 4 | −0.150000 | 0.400000 | 0.200000 | 0.4123 | 0.4583 |
| 主坝 | 5 | 0.400000 | −0.600000 | 2.100000 | 0.6 | 2.184 |
| 主坝 | 6 | −0.600000 | −0.500000 | 2.600000 | 0.781 | 2.7148 |
| 主坝 | 7 | 0.300000 | 0.200000 | 2.900000 | 0.3606 | 2.9223 |
| 主坝 | 8 | −0.400000 | 0.400000 | 2.900000 | 0.5657 | 0.5657 |
| 主坝 | 9 | 0.100000 | 0.400000 | 0.700000 | 0.4123 | 0.8124 |
| 主坝 | 10 | −0.300000 | 0.100000 | −2.000000 | 0.3162 | 2.0248 |

续表2-9

| 断面名称 | 测点名称 | $X$ 累计位移 /mm | $Y$ 累计位移 /mm | $H$ 累计位移 /mm | 2D /mm | 3D /mm |
|---|---|---|---|---|---|---|
| 主坝 | 11 | −0.500000 | 0.400000 | −0.300000 | 0.6403 | 0.7071 |
| 主坝 | 12 | −0.600000 | 0.100000 | 0.500000 | 0.6083 | 0.7874 |
| 主坝 | 13 | −0.500000 | 0.300000 | 3.300000 | 0.5831 | 3.3511 |
| 主坝 | 14 | 0.200000 | −0.200000 | 2.000000 | 0.2828 | 2.0199 |
| 主坝 | 15 | −0.200000 | 0.600000 | −1.700000 | 0.6325 | 1.8138 |
| 主坝 | 16 | 0.900000 | 0.000000 | −0.600000 | 0.9 | 1.0817 |
| 主坝 | 17 | 0.100000 | 0.200000 | 0.700000 | 0.2236 | 0.7348 |
| 主坝 | 18 | 0.300000 | −0.100000 | 1.000000 | 0.1 | 1.005 |
| 主坝 | 19 | −0.400000 | −0.600000 | 2.500000 | 0.7211 | 2.6019 |
| 主坝 | 20 | −1.900000 | −2.300000 | 1.200000 | 2.9833 | 3.2156 |
| 主坝 | 21 | −1.600000 | 0.200000 | 4.500000 | 1.6125 | 4.7802 |
| 主坝 | 22 | −3.700000 | 0.200000 | −3.800000 | 3.7054 | 5.3075 |
| 主坝 | 23 | −3.900000 | 0.700000 | 6.000000 | 3.9623 | 7.1903 |
| 主坝 | 24 | 0.700000 | −3.500000 | 6.500000 | 3.5693 | 7.4155 |
| 副坝 | 26 | −0.800000 | 0.400000 | 1.200000 | 0.8944 | 1.4967 |
| 副坝 | 27 | −0.700000 | 0.300000 | 3.100000 | 0.7616 | 3.1922 |
| 副坝 | 28 | −1.000000 | 1.000000 | 0.600000 | 1.4142 | 1.5362 |
| 副坝 | 29 | −0.900000 | −0.200000 | 0.500000 | 0.922 | 1.0488 |
| 溢洪道 | 31 | 1.600000 | −2.500000 | 1.000000 | 2.9682 | 3.1321 |
| 溢洪道 | 32 | 1.000000 | −0.400000 | 0.900000 | 1.077 | 1.4036 |
| 溢洪道 | 34 | −1.100000 | −1.200000 | 2.300000 | 1.6279 | 2.8178 |
| 溢洪道 | 35 | 0.500000 | −1.000000 | 3.400000 | 1.118 | 3.5791 |
| 溢洪道 | 36 | −0.300000 | −0.300000 | 1.400000 | 0.4243 | 1.4629 |

表 2-10   2022 年 1—6 月位移数据半面分析表

| 断面名称 | 测点名称 | $X$ 累计位移/mm | $Y$ 累计位移/mm | $H$ 累计位移/mm | 2D/mm | 3D/mm |
|---|---|---|---|---|---|---|
| 主坝 | 1 | −1.200000 | 2.500000 | −3.900000 | 2.7731 | 4.7854 |
| 主坝 | 2 | −1.200000 | 1.500000 | −2.400000 | 1.9209 | 3.0741 |
| 主坝 | 3 | 0.500000 | 1.400000 | −4.200000 | 1.4866 | 4.4553 |
| 主坝 | 4 | −0.200000 | 1.100000 | −2.800000 | 1.118 | 3.015 |
| 主坝 | 5 | 0.500000 | 0.900000 | −3.300000 | 1.0296 | 3.4569 |
| 主坝 | 6 | 0.400000 | 0.700000 | −4.200000 | 0.8062 | 4.2767 |
| 主坝 | 7 | −2.100000 | 2.100000 | −4.200000 | 2.9698 | 5.1439 |
| 主坝 | 8 | −1.500000 | 2.500000 | −4.500000 | 2.9155 | 5.3619 |
| 主坝 | 9 | −0.600000 | 2.300000 | −2.100000 | 2.377 | 3.1718 |
| 主坝 | 10 | −0.600000 | 1.000000 | −1.600000 | 1.1662 | 1.9799 |
| 主坝 | 11 | −0.700000 | 1.100000 | −3.700000 | 1.3038 | 3.923 |
| 主坝 | 12 | 0.100000 | 0.800000 | −4.200000 | 0.8 | 4.2755 |
| 主坝 | 13 | −1.700000 | 1.800000 | −5.100000 | 2.4759 | 5.6692 |
| 主坝 | 14 | −1.200000 | 2.600000 | −4.000000 | 2.8636 | 4.9193 |
| 主坝 | 15 | −0.700000 | 1.900000 | −5.500000 | 2.0248 | 5.8609 |
| 主坝 | 16 | −0.700000 | 0.700000 | −6.500000 | 0.9899 | 6.575 |
| 主坝 | 17 | −0.600000 | −0.200000 | −5.900000 | 0.6325 | 5.9338 |
| 主坝 | 18 | −0.100000 | 0.000000 | −5.700000 | 0.1 | 5.7009 |
| 主坝 | 19 | 2.800000 | 3.700000 | −9.000000 | 4.64 | 10.1257 |
| 主坝 | 20 | −0.300000 | 1.200000 | −3.000000 | 1.2369 | 3.245 |
| 主坝 | 21 | 1.300000 | 0.000000 | −10.100000 | 1.3 | 10.1833 |
| 主坝 | 22 | 0.600000 | −1.800000 | −18.500000 | 1.8974 | 18.597 |
| 主坝 | 23 | 2.200000 | 1.400000 | −6.700000 | 2.6077 | 7.1896 |
| 主坝 | 24 | 1.100000 | −0.800000 | −10.200000 | 1.3601 | 10.2903 |
| 副坝 | 26 | −0.300000 | −1.900000 | −0.200000 | 1.9235 | 1.9339 |
| 副坝 | 27 | 0.900000 | −0.600000 | 6.300000 | 1.0817 | 6.3922 |

续表2-10

| 断面名称 | 测点名称 | X累计位移/mm | Y累计位移/mm | H累计位移/mm | 2D/mm | 3D/mm |
|---|---|---|---|---|---|---|
| 副坝 | 28 | −0.300000 | −3.400000 | 5.200000 | 3.4132 | 6.2201 |
| 副坝 | 29 | 0.700000 | −2.000000 | 0.600000 | 2.119 | 2.2023 |
| 溢洪道 | 31 | 0.100000 | −2.100000 | −1.300000 | 2.1 | 2.4698 |
| 溢洪道 | 32 | −1.800000 | −1.000000 | 0.700000 | 2.0591 | 2.1749 |
| 溢洪道 | 34 | −1.000000 | −1.400000 | 0.400000 | 1.7205 | 1.7664 |
| 溢洪道 | 35 | −2.100000 | −0.500000 | 2.400000 | 2.1587 | 3.228 |
| 溢洪道 | 36 | 0.500000 | −0.400000 | 1.500000 | 0.6403 | 1.631 |

从数据分析可知,各测点位移过程曲线平滑,连续性好。坝体位移受温度影响明显,位移呈周期性变化,温度升高月坝体倾向上游,位移符号表现为"−",向上游位移;温度降低月坝体倾向下游,位移符号表现为"+",向下游位移,坝体呈弹性变化,与温度变化日期有1个月左右的滞后。

坝体位移的相对位移值为−3.9~+1.6 mm,变化最大值−3.9 mm出现在主坝23点位,变化最小值0.1 mm出现在主坝9点处;从表中还可看出,各测点最大值出现在观测初期,2021年6月之后测值变化趋于平缓。

2023年1—6月位移数据半面分析见表2-11。

表2-11  2023年1—6月位移数据半面分析表

| 断面名称 | 测点名称 | X累计位移/mm | Y累计位移/mm | H累计位移/mm | 2D/mm | 3D/mm |
|---|---|---|---|---|---|---|
| 主坝 | 1 | −8.100000 | −5.000000 | −0.500000 | 9.518929 | 9.532051 |
| 主坝 | 2 | −5.000000 | −6.600000 | −9.200000 | 8.280097 | 12.377399 |
| 主坝 | 3 | −5.800000 | −1.500000 | −3.300000 | 5.990826 | 6.839591 |
| 主坝 | 4 | −2.100000 | −2.800000 | 1.300000 | 3.500000 | 3.733631 |
| 主坝 | 5 | −0.200000 | −3.600000 | 1.200000 | 3.605551 | 3.800000 |
| 主坝 | 6 | −0.100000 | −3.900000 | 1.300000 | 3.901282 | 4.112177 |
| 主坝 | 7 | 0.000000 | 2.200000 | −5.600000 | 2.200000 | 6.016644 |
| 主坝 | 8 | −1.800000 | 0.500000 | −2.300000 | 1.868154 | 2.963106 |

续表2−11

| 断面名称 | 测点名称 | X 累计位移 /mm | Y 累计位移 /mm | H 累计位移 /mm | 2D /mm | 3D /mm |
|---|---|---|---|---|---|---|
| 主坝 | 9 | −3.300000 | −1.000000 | −9.400000 | 3.448188 | 10.012492 |
| 主坝 | 10 | 1.300000 | −2.000000 | −5.200000 | 2.385372 | 5.721014 |
| 主坝 | 11 | −0.100000 | −4.200000 | 2.300000 | 4.201190 | 4.789572 |
| 主坝 | 12 | −2.700000 | −1.300000 | −2.800000 | 2.996665 | 4.101219 |
| 主坝 | 13 | −0.400000 | −2.100000 | 5.600000 | 2.137756 | 5.994164 |
| 主坝 | 14 | 5.600000 | 5.200000 | −25.400000 | 7.641989 | 26.524705 |
| 主坝 | 15 | 0.600000 | −0.700000 | −2.300000 | 0.921954 | 2.477902 |
| 主坝 | 16 | 1.300000 | −3.000000 | 1.600000 | 3.269557 | 3.640055 |
| 主坝 | 17 | 0.600000 | −1.200000 | 4.100000 | 1.341641 | 4.313931 |
| 主坝 | 18 | −4.000000 | −1.800000 | 1.800000 | 4.386342 | 4.741308 |
| 主坝 | 19 | 2.800000 | −1.900000 | −4.900000 | 3.383785 | 5.954830 |
| 主坝 | 20 | −1.400000 | −3.800000 | 1.200000 | 4.049691 | 4.223742 |
| 主坝 | 21 | −0.600000 | −1.400000 | 2.400000 | 1.523155 | 2.842534 |
| 主坝 | 22 | 0.400000 | 0.000000 | 0.600000 | 0.400000 | 0.721110 |
| 主坝 | 23 | 1.000000 | −0.100000 | −0.100000 | 1.004988 | 1.009950 |
| 主坝 | 24 | 0.400000 | 0.900000 | −1.400000 | 0.984886 | 1.711724 |
| 副坝 | 26 | −2.100000 | −4.800000 | 0.100000 | 5.239275 | 5.240229 |
| 副坝 | 27 | −5.300000 | −8.000000 | −12.300000 | 9.596353 | 15.600641 |
| 副坝 | 28 | −1.100000 | −1.300000 | 1.500000 | 1.702939 | 2.269361 |
| 副坝 | 29 | 0.300000 | −1.200000 | −2.300000 | 1.236932 | 2.611513 |
| 溢洪道 | 31 | 0.900000 | −1.600000 | 2.900000 | 1.835756 | 3.432200 |
| 溢洪道 | 32 | −0.300000 | −2.000000 | −1.700000 | 2.022375 | 2.641969 |
| 溢洪道 | 34 | 0.800000 | −2.200000 | −4.300000 | 2.340940 | 4.895917 |
| 溢洪道 | 35 | −0.500000 | −3.800000 | 2.600000 | 3.832754 | 4.631414 |
| 溢洪道 | 36 | −7.100000 | −7.000000 | 6.300000 | 9.970456 | 11.794066 |

从表 2-11 可知，2023 年 1—6 月坝体位移的相对位移值为 -8.1 ~ +5.6 mm，变化最大值 -8.1 mm 出现在主坝 1 点位，最小值 0 mm 出现在主坝 7 点处。从表 2-11 中还可看出，各测点最大值出现在观测初期，2023 年 1 月之后测值变化趋于平缓。

　　大坝位移观测对大坝的安全运行至关重要。通过大坝变形监测系统，可以更加便捷地掌握大坝变形情况，并且数据准确、可靠，同时通过计算机可以准确分析大坝变形情况，随时掌握水库工程状况，为水库安全运行提供保障，通过数据分析可以看出每年水库位移点整体变化量处于平稳状态，受气候和温度影响，各点位有微量的位移变化，但整体依然处于平稳状态。

# 第 3 章

# 北斗/GNSS 大坝监测站坐标时序精密建模

## ▶ 3.1 北斗/GNSS 大坝监测站坐标时序函数模型

为了有效地对北斗/GNSS 大坝监测站坐标时间序列进行分析，需要对其建立相应的时间序列数学模型。从北斗/GNSS 原始坐标时间序列中提取感兴趣的地球物理相关信号，成为大地测量及地球动力学、地壳形变等研究的热点之一。目前，广泛应用于北斗/GNSS 坐标时间序列分析领域的数学模型如下：

$$
\begin{aligned}
y(t)_{E/N/U} = &\ a + bt + c\sin(2\pi t) + d\cos(2\pi t) + \\
&\ e\sin(4\pi t) + f\cos(4\pi t) + \\
&\ \sum_{j=1}^{n_g} g_j H(t - T_{g_j}) + \varepsilon_i
\end{aligned}
\tag{3-1}
$$

式中：

$y(t)$——历元 $t$ 时刻所对应的北斗/GNSS 大坝监测站坐标观测值，包含 $E$、$N$、$U$ 三个坐标分量；

$a$——北斗/GNSS 站位置，为序列的平均值；

$b$——线性速度，即趋势变化项；

$c$、$d$、$e$、$f$——年周期和半年周期项的系数（待估计参数）；

$\sum_{j=1}^{n_g} g_j H(t - T_{g_j})$——跳变改正项；

$g_j$——跳变振幅；

$T_{g_j}$——跳变发生的时刻即历元；

$n_g$——跳变个数；

$j$——跳变编号，这里假定发生偏移的时刻 $T_{g_j}$ 已知；

$H$——海维西特阶梯函数，在跳变前 $H$ 值为 0，跳变后 $H$ 值为 1；

$\varepsilon_i$——时刻 $t$ 的观测噪声。

该模型在北斗/GNSS 坐标时间序列分析及应用中发挥着重要的作用，是目前应用最为广泛的模型之一。

上述经典北斗/GNSS 坐标时间序列模型中参数估值的精度主要受北斗/GNSS 噪声模型、时间序列长度、数据缺失率等影响。研究指出，为了获得较可靠的时间序列模型参数估值，时间序列的长度至少为 2.5 年；此外，粗差的存在，也会影响参数估值（速度及其不确定度）的可靠性，在建立模型之前需要对时间序列进行相应的粗差探测。研究表明，随着北斗/GNSS 坐标时间序列长度的积累及时间序列分析方法的改进，北斗/GNSS 坐标时间序列不仅包含周年半周年谐波信号，还包含一些高阶谐波信号，如交点年，其周期为 1.04 cpy。因此，上述经验模型仍然存在一定的局限性。

考虑到经典时间序列模型的不足之处，由于北斗/GNSS 站坐标时序主要呈现周期性，且任一周期的信号都存在一个与之对应的主频率，即不同周期的信号之间对应不同的频率，提出了基于频率的时间序列模型。假定北斗/GNSS 大坝监测站时间序列包含确定性部分（包括趋势和季节性变化）及随机部分（随机噪声）作为背景噪声。在对应的函数模型中周期性信号包含：①Mf body tide，其周期为13.66 天；②Tidal alias，其周期为 14.6 days；③Alias period of M2，其周期为14.76 天；④Alias period of O1，其周期为 14.19 天。根据上述周期信号，Bogusz和 Klos 提出的北斗/GNSS 坐标时间序列模型可以表示为：

$$
\begin{aligned}
x(t) = & x_0 + v_x \cdot t + A^{13.66} \cdot \sin(\omega^{13.66} \cdot t + \varphi^{13.66}) + \\
& A^{14.6} \cdot \sin(\omega^{14.6} \cdot t + \varphi^{14.6}) + \\
& A^{14.19} \cdot \sin(\omega^{14.19} \cdot t + \varphi^{14.19}) + \\
& A^{14.76} \cdot \sin(\omega^{14.76} \cdot t + \varphi^{14.76}) + \\
& \sum_{i=1}^{9} \left[ A_i^{CH} \cdot \sin(\omega_i^{CH} \cdot t + \varphi_i^{CH}) \right] + \\
& \sum_{i=1}^{9} \left[ A_i^{CH} \cdot \sin(\omega_i^{CH} \cdot t + \varphi_i^{CH}) \right] + \\
& \sqrt{\sum_{i=1}^{9} \left[ A_i^{D} \cdot \sin(\omega_i^{D} \cdot t + \varphi_i^{D}) \right]} + \varepsilon_t(t)
\end{aligned} \tag{3-2}
$$

式中：

$x_0$——初始值；

$v_x \cdot t$——线性趋势项（通过最小二乘进行估计）；

$A \cdot \sin(\omega \cdot t + \varphi)$——周年项；

$\varepsilon_t(t)$——误差项（主要由随机误差和共模误差组成），相比经典时间序列模型，该模型的可靠性有待通过大量的实验进一步验证。

北斗/GNSS 获得的测站坐标时间序列（$X$、$Y$、$Z$）通常以空间直角坐标系（WGS-84 坐标系 $XYZ$）表示，而在时间序列分析中，更倾向于用地方测站空间直角坐标系（如测站地方坐标系 NEU、ENU）表示。由于 WGS-84 和 NEU 坐标系都属于空间直角坐标系，二者之间的转换相对较简单，WGS-84 和 NEU 之间的转换公式如下：

$$\begin{bmatrix} e \\ n \\ u \end{bmatrix} = \begin{bmatrix} m_{11} & m_{12} & m_{13} \\ m_{21} & m_{22} & m_{23} \\ m_{31} & m_{32} & m_{33} \end{bmatrix} \begin{bmatrix} x-x_0 \\ y-y_0 \\ z-z_0 \end{bmatrix} = M \begin{bmatrix} x-x_0 \\ y-y_0 \\ z-z_0 \end{bmatrix} \tag{3-3}$$

式中：

$x_0$、$y_0$、$z_0$——地方测站空间直角坐标系 NEU 的坐标原点在 WGS-84 坐标系中的坐标。

而矩阵 $M$ 的具体表达式如下：

$$
\begin{aligned}
m_{11} &= -\sin \lambda_0 \\
m_{12} &= \cos \lambda_0 \\
m_{13} &= 0 \\
m_{21} &= -\sin \varphi_0 \cos \lambda_0 \\
m_{22} &= -\sin \varphi_0 \sin \lambda_0 \\
m_{23} &= \cos \varphi_0 \\
m_{31} &= \cos \varphi_0 \cos \lambda_0 \\
m_{32} &= \cos \varphi_0 \sin \lambda_0 \\
m_{33} &= \sin \varphi_0
\end{aligned}
\tag{3-4}
$$

式中：

$\lambda_0$、$\varphi_0$——地方 NEU 坐标系原点的大地经纬度。

式（3-3）的逆变换为：

$$\begin{bmatrix} x \\ y \\ z \end{bmatrix} = \boldsymbol{M}^{-1} \begin{bmatrix} e \\ n \\ u \end{bmatrix} + \begin{bmatrix} x_0 \\ y_0 \\ z_0 \end{bmatrix} \qquad (3-5)$$

## 3.2  北斗/GNSS 大坝监测站坐标时序随机模型

### 3.2.1  经典模型

北斗/GNSS 坐标时间序列噪声经典模型主要包括白噪声（white noise，WN）、幂律噪声（power-law，noise，PL）、闪烁噪声（flicker noise，FN）、随机噪声，或者四者的组合模型。对不同噪声模型，其协方差矩阵可表示为：

白噪声：

$$C_x = a^2 \cdot \boldsymbol{I} \qquad (3-6)$$

白噪声、闪烁噪声、随机游走噪声：

$$C_x = a^2 \cdot \boldsymbol{I} + b_{FN}^2 \cdot \boldsymbol{J}_{FL} + b_{RW}^2 \cdot \boldsymbol{J}_{RW} \qquad (3-7)$$

白噪声加幂律噪声：

$$C_x = a^2 \cdot \boldsymbol{I} + b_{PL}^2 \cdot \boldsymbol{J}_{PL} \qquad (3-8)$$

式中：

$a$——白噪声的振幅；矩阵 $\boldsymbol{I}$ 为的 $N \times N$ 单位矩阵；

$b$——有色噪声的振幅，其对应的协方差阵为矩阵 $\boldsymbol{J}$。

#### 1. 白噪声

若某一随机过程 $\{W(t)\}$ 的随机变量在任意时刻都不相关，且过程相对平稳，那么该过程即为连续白噪声过程，即协方差在任意时刻间隔 $\tau$ 都为 0，且该随机过程中随机变量的均值和方差都相同。$\{W(t)\}$ 可以表示为：

$$\delta(t) = 0, \ t \neq 0$$

$$\int_{-\infty}^{\infty} g(t')\delta(t-t')\,\mathrm{d}t = g(t) \qquad (3-9)$$

式中：

$g(t)$——关于 $t$ 的函数；

$\delta(t)$——在任意时刻的协方差。

关于$\{W(t)\}$的协方差函数可以表示为：

$$C_W(\tau) = \hat{E}(W(t)W(t+\tau)) = q\delta(\tau) \qquad (3-10)$$

式中：

$\hat{E}(\cdot)$——集平均算子；

$q$——值不变的常数。

$\{W(t)\}$的随机振动功率谱密度（power spectral density，PSD）为：

$$S(f) = \int_{-\infty}^{\infty} q\delta(\tau)\,e^{-i2\pi f\tau}\,d\tau = q \qquad (3-11)$$

由式（3-11）与式（3-12）可知，在任意频率上，随机过程$\{W(t)\}$的随机振动 PSD 都是常数，即任何频率的贡献率都相等。另外，在任何时刻，随机过程$\{W(t)\}$都不相关，而却表现出在整个频段内有充足的能量，这与实际物理现象不符，故我们把这样的噪声称为白噪声。如果随机过程的白噪声过程分布符合高斯分布，则该过程为"高斯白噪声"。

**2. 幂律噪声**

大多数信号在地球物理中都可以描述成时间域或者空间域上的幂律噪声，该统计过程的随机振动 PSD 为：

$$S(f) = P_0\left(\frac{f}{f_0}\right)^k \qquad (3-12)$$

式中：

$f$——空间频率或者时间频率；

$P_0$、$f_0$——正则化常数；

$k$——谱指数，通常满足$-3 < k \leqslant 1$。

注：当$-3 < k < -1$ 为分数布朗噪声；$-1 < k < 1$ 为分数白噪声。

**3. 闪烁噪声**

闪烁噪声也称为粉色噪声，其谱指数为$-1$，Kadin 表明，当$0 < \alpha < 2$ 时，通过对离散白噪声（discrete white noise，DWN）滤波，可以得到模拟的 PL 序列，该数字滤波器为：

$$H(z) = \frac{1}{(1-z^{-1})^{\alpha/2}},\ z>1 \qquad (3-13)$$

将式（3-13）分母展开，有

$$H(z) = \frac{1}{1 - \dfrac{\alpha}{2}z^{-1} - \dfrac{\alpha/2(1-\alpha/2)}{2!}z^{-2} + \cdots} \qquad (3-14)$$

式(3-14)可以等价于：

$$x_n = -h_1 x_{n-1} - h_2 x_{n-2} - h_3 x_{n-3} - \cdots + w_n \tag{3-15}$$

$h_0 = 1$，式(3-15)系数具有如下递推关系：

$$\begin{cases} h_0 = 1 \\ h_n = \left(n - 1 - \dfrac{\alpha}{2}\right)\dfrac{h_{n-1}}{n} \end{cases} \tag{3-16}$$

令 $\alpha = 1$ 即可模拟闪烁噪声的递推关系式：

$$\begin{cases} h_0 = 1 \\ h_n = \left(n - \dfrac{3}{2}\right)\dfrac{h_{n-1}}{n} \end{cases} \tag{3-17}$$

由于闪烁噪声是一个长记忆过程，故仅 $n \to +\infty$ 时，采用式(3-15)、式(3-17)模拟的序列才会较好地近似于闪烁噪声。

**4. 随机漫步噪声**

通过微分方程和给定的初始条件可以表示随机漫步噪声(或称随机游走噪声)，即

$$X(t) = \int_{t_0}^{t} W(t')\,\mathrm{d}t'; \quad X(t_0) = 0 \tag{3-18}$$

式中：

$\{W(t)\}$——均值为零的连续白噪声，协方差形式为 $q\delta(t_2 - t_1)$。

而连续随机漫步噪声的每一时刻的期望都为 0，即

$$\hat{E}(X(t)) = \int_{t_0}^{t} \hat{E}W(t')\,\mathrm{d}t' = 0 \tag{3-19}$$

连续随机漫步噪声的协方差为：

$$\begin{aligned} \mathrm{Cov}_X(t_1, t_2) &= \hat{E}(X(t_1)X(t_2)) \\ &= \int_{t_0}^{t_2}\int_{t_0}^{t_1} \hat{E}(W(t_1)W(t_2))\,\mathrm{d}t_1\mathrm{d}t_2 \\ &= \int_{t_0}^{t_2}\int_{t_0}^{t_1} q\delta(t_2 - t_1)\,\mathrm{d}t_1\mathrm{d}t_2 \\ &= \begin{cases} q(t_1 - t_0), & ft_2 > t_1 > t_0 \\ q(t_2 - t_0), & ft_1 > t_2 > t_0 \end{cases} \end{aligned} \tag{3-20}$$

从式(3-20)可知，随机漫步噪声是一个非平稳过程，其协方差与历元间隔 $t_2 - t_1$ 无关，且其方差随着时间增长而变大。

类似于连续随机漫步噪声，离散随机漫步噪声表示如下：

$$x(t_k) = x(t_{k-1}) + w(t_k) \tag{3-21}$$

在大地测量观测值中，一般认为随机漫步噪声主要是由于测量标志的不稳定性而引起的运动，该噪声主要集中在低频部分，其速度不确定性度的影响较大。

### 3.2.2　分数阶自回归滑动平均噪声模型

由幂律噪声的结果可以得出分数阶自回归滑动平均噪声的协方差阵中的元素。

$$\gamma_i = \sigma^2 \frac{\Gamma(d+i)\,\Gamma(1-2d)}{\Gamma(d)\,\Gamma(1+i-d)\,\Gamma(1-d)} + \tag{3-22}$$
$$[F(1,\ d+i;\ 1-d+i;\ \varphi) + F(1,\ d-i,\ 1-d-i;\ \varphi) - 1]/(1-\varphi^2)$$

式中：

$d$——可以为非整数；

$\sigma^2$——驱动白噪声的方差；

$\varphi$——AR(1)模型系数；

$F(a,\ b;\ c;\ z)$——超几何函数。

分数阶自回归滑动平均噪声$(1,\ d,\ 0)$的 PSD 为 AR(1) 的 PSD 与 PL 噪声的 PSD 之积

$$S(f) = 2\frac{\sigma^2}{f_s} \frac{1}{(2\sin(\pi f/f_s))^{2d}} \frac{1}{1-2\varphi\cos\lambda + \varphi^2} \tag{3-23}$$

其中 $\lambda = 2\pi f/f_s$。

### 3.2.3　高斯-马尔科夫模型

在实际应用中，广义高斯-马尔科夫(Generalized Gauss-Markov, GGM)过程是非常重要的一类随机过程。这主要基于以下两点原因：①能够以合理的准确度描述很大一部分地球物理过程；②GM 具有相对简单的数学形式。与 DWN 类似，若指定了 GM 的自相关函数，即完全定义了该过程，这也意味着该过程更高阶的概率密度函数都能够显式地给出。

广义高斯-马尔科夫$\{y_i\}$的定义满足如下方程：

$$(1-\varphi B)^d y_i = w_i \tag{3-24}$$

式中：

$B$——后移算子（$By_i = y_{-1}$）；

$\varphi$——AR（1）模型系数；

$d$——与 PL 噪声模型有关的参数（可为非整数）；

$w_i$——方差为 $\sigma^2$ 的驱动 DWN 的第 $i$ 个实现。

式（3-24）可以改写为：

$$y_i = \left[ 1+\varphi dB+\varphi^2 \frac{1}{2}d(1+d) +\varphi^3 \frac{1}{6}d(1+d)(2+d)B^3+\cdots \right]w_i \qquad (3-25)$$

式（3-25）可以看成传递函数（transfer function）与后移算的乘积形式，即

$$y_i = \left[ 1+\varphi dB+\varphi^2 \frac{1}{2}d(1+d)B^2 \bigg| +\varphi^3 \frac{1}{6}d(1+d)(2+d)B^3+\cdots \right]w_i \qquad (3-26)$$

其中冲击响应系数 $w_i$ 为：

$$w_i = \frac{\Gamma(d+i)}{\Gamma(d)i!}\varphi^i \qquad (3-27)$$

式（3-27）为广义高斯-马尔科夫模型的定义。

## 3.3  北斗/GNSS 大坝监测站坐标时序线性变化分析方法

### 3.3.1  时域分析方法

常用的时域下参数估计方法包括极大似然估计（maximum likelihood estimate，MLE）和最小二乘估计，其中后者包括传统的最小二乘谐波估计和顾及方差协方差阵的最小二乘方差估计。

坐标时间序列函数模型可以表示为：

$$y(t_i) = D+v \cdot t_i+ \sum_{j=1}^{n} A_j \cdot \cos(w_j t_i+\varphi_j) +$$

$$\sum_{k=1}^{n} g_k \cdot H(t_i-T_k)+\varepsilon(t_i) \qquad (3-28)$$

假设式（3-28）中随机过程 $\varepsilon(t_i)$ 由振幅分别为 $a_w$ 和 $b_k$ 的白噪声及幂律噪声组成：

$$\varepsilon(t_i) = a_w \cdot \alpha(t_i)+b_k^2 \cdot \beta(t_i) \qquad (3-29)$$

其观测值协方差阵为：

$$C = a_w^2 \cdot \boldsymbol{I} + b_k^2 \cdot \boldsymbol{J}_k \tag{3-30}$$

式中：

$\boldsymbol{I}$——单位矩阵；

$\boldsymbol{J}_k$——对应谱指数为 $k$ 的幂律噪声协方差阵。

对于选定的噪声模型，最优参数估值为坐标序列残差 $\hat{\varepsilon}(t_i)$ 与其协方差联合概率密度值最大的一组解，即联合概率函数值的对数达到最大：

$$\ln[\,lik(\hat{\varepsilon}, \boldsymbol{C})\,] = -0.5[\,\ln(\det C) + N\ln(2\pi) + \hat{\varepsilon}^{\mathrm{T}} C^{-1}\hat{\varepsilon}\,] \tag{3-31}$$

MLE 作为一种无偏估计，能同时估计时间序列中函数模型和随机模型中各参数及其不确定度。但由于需要反复迭代及求逆，MLE 方法的运算速度为时间序列观测值个数的三次方量级。例如，采用 CATS 软件分析单个测站一个方向的数据需要 6 h。因此，Bos 等提出了一种具有改进效果的 MLE 方法，利用可用于快速算法求逆的 Toeplitz 方差矩阵，将运算次数降低到了观测值平方量级；在此基础上，又提出了一种针对数据缺失情形下的快速 MLE 算法，实现了多类参数的无偏同步快速估计。

方差/协方差分量验后估计方法可以通过对同种观测值的不同误差源进行定权，通过最小二乘的方法实现对坐标时间序列模型参数和噪声分量的最优估计。但在处理实际观测数据时，随着测站数量和观测时间的线性增加，该方法的迭代过程也非常耗时。

### 3.3.2　频谱分析

对信号进行频谱分析可以获得较时域分析更多的有用信息，如动态信号中的各频率成分和频率分布范围，再结合最小二乘方法估计谱指数，可以更好地认知时间序列中的谐波和噪声特性。频谱分析通常采用快速傅里叶变换或者周期图法实现，前者适用于均匀采样的数据，而后者可以处理有数据间断和缺失的时间序列。

## ▶ 3.4　北斗/GNSS 大坝监测站坐标时序预测精密建模

北斗/GNSS 大坝监测站坐标时序具有非平稳、非线性的基本特征，且通常进行较为明显的季节性变化。此外，高频噪声和异常值也影响着北斗/GNSS 大坝监测站坐标时序的数据质量。因此，建立一个具有抗异常值干扰能力的高精度预测模型十分关键。

北斗/GNSS 大坝监测站坐标时序中噪声模型丰富、噪声分量较大，且北斗/GNSS 大坝监测站坐标时序是研究垂直陆地运动的基础数据。因此，北斗/GNSS 坐标时间序列预测研究主要集中在高程方向上。自回归模型研究方面，李威等人顾及 GNSS 高程时间序列非线性与非平稳的特点，基于 Prophet 和随机森林(random forest，RF)算法构建了组合预测模型，使用 RF 模型拟合原始数据可以避免过拟合的发生并可以对非线性部分进行修正，然后再使用 Prophet 模型进行预测时能够充分发挥模型优势，从而提高预测精度。Tao 等人在深入研究 Prophet 预测模型和经验小波变换的基础上，针对 Prophet 算法分解趋势项效果不佳的问题，提出了一种基于经验小波变换(empirical wavelet transform，EWT)算法改进的 Prophet 预测方法。改进后的模型能更好地提取原始时间序列的趋势，且改进后的模型具有较好的短期预测效果和较好的适用性。Wang 等人通过分析长短期记忆神经网络对于结构化时间序列预测的潜力，将多尺度滑动窗口(multiple-scale sliding window method，MSSW)与 LSTM 相结合，提出了一种新颖的预测框架。实验将 MSSW 应用于数据预处理，有效提取不同尺度的特征关系，同时挖掘数据集的深层特征，然后，使用多个 LSTM 神经网络进行预测。回归模型研究方面，Gao 等人考虑了 GNSS 高程时间序列和多种地球物理因素(极地运动、温度、大气压强等)之间的潜在联系，分别通过集成学习之梯度提升树(gradient boosting decision tree，GBDT)、支持向量机(support vector machine，SVM)和 LSTM 算法建模，并与最小二乘拟合方法对比，验证了机器学习算法在 GNSS 坐标时间序列建模和预测方面的良好性能和有效性。Li and Lu 考虑到区域内 GNSS 基准站之间具有较高的相关性，通过极端梯度提升 XGBoost 算法对区域内多个 GNSS 基准站构建了同步预测模型，并取得了良好的预测精度。Li 等人在 XGBoost 算法的基础上，提出了通过多模型拟合优化特征集的方案，实现了更高精度的 GNSS 高程时间序列预测，并分析了相关性和特征重要性间的关系。

从上述研究可以看出，学者们开始使用机器学习算法进行北斗/GNSS 坐标时间序列预测建模研究，并取得了诸多成果。但仍有一些关键问题没有学者涉猎或者没有很好地解决，如以时间为特征分解时间序列进行预测的预测模式需要较长时间跨度的训练集，且对于高频信号的提取能力欠佳；以信号分解算法分解时序进行预测的预测模式容易出现单分量中含有多频信号的情况影响预测；以深度学习算法为基础进行预测的预测模式在模型训练时需要耗费较长的时间，且需要足够的经验和先验知识才能使参数得以优化。

本研究拟在构建北斗/GNSS 大坝监测站坐标时序特征的基础上，研究从北斗/GNSS 大坝监测基准站网和地球物理因素中生成约束条件的方法，引入机器学习算法(RF、XGBoost、LSTM 等)学习特征关联关系,通过校正函数设计模型学习误差优化方案,以期解决机器学习算法进行北斗/GNSS 大坝监测站坐标时序智能化建模所面临的难题。基本思路为:①建立自适应的北斗/GNSS 大坝监测站坐标时序噪声提取模型,构建融合机器学习算法的加权叠加滤波方法提取共模误差,实现低噪声环境下的北斗/GNSS 大坝监测站内部特征提取,构建顾及北斗/GNSS 基准站相关性的机器学习算法智能模型;②顾及地球物理效应间存在的动态关联,构建顾及地球物理效应的北斗/GNSS 大坝监测站坐标时序模型,并通过机器学习算法实现地球物理效应综合性评价;③顾及机器学习算法建模时存在的模型学习误差,充分考虑北斗/GNSS 大坝监测站坐标时序周期特性,设置灵活的校正函数优化方式,从数学关系的角度优化机器学习算法建模误差,提升北斗/GNSS 大坝监测站坐标时序建模精度。

本研究围绕北斗/GNSS 大坝监测站坐标时序智能建模,对应上述四个研究内容,以 GNSS 坐标时间序列和多源地球物理因素数据(极移运动、大气压强、温度等)为数据基础,以"多源数据特征提取与构造→多机器学习算法建模→校正函数优化→数据质量分析及优化"为主线,深入研究如何提取和构造有效的特征,如何从地理物理角度解释特征作用因素,并对北斗/GNSS 大坝监测站坐标时序智能预测的关键技术展开研究,实现北斗/GNSS 大坝监测站坐标时序的毫米级建模理论与应用。

### 3.4.1　顾及噪声影响的北斗/GNSS 大坝监测站坐标时序建模

通过北斗/GNSS 基准站网相关性构建机器学习预测模型时,模型利用区域内邻近 GNSS 基准站之间存在的时空相关性进行学习,区域内邻近北斗/GNSS 基准站网存在丰富的噪声模型,为避免噪声的干扰,需要优化北斗/GNSS 坐标时间序列数据处理过程和建模过程。因而需研究融合机器学习算法与噪声提取算的新方案。顾及噪声影响的北斗/GNSS 大坝监测站坐标时序建模具体流程如图 3-1 所示。

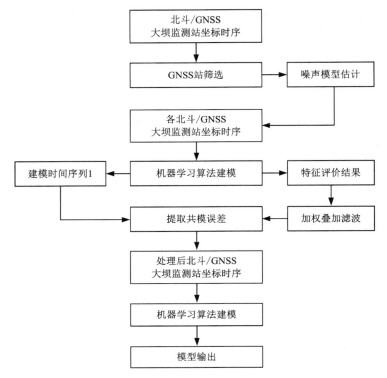

**图 3-1　顾及噪声影响的北斗/GNSS 大坝监测站坐标时序建模**

### 3.4.2　顾及地球物理因素的北斗/GNSS 大坝监测站坐标时序建模

北斗/GNSS 基准站点位移受多源地球物理效应的影响。因而，在构建特征时，顾及地球物理因素可以有效地丰富特征集的构成。首先，本研究将充分考虑地球物理因素作用于北斗/GNSS 基准站点位移的滞后性，有效匹配时间序列的关联性，提取有效特征。然后，本研究结合机器学习算法建模过程中的训练样本学习情况进行特征重要性评价，从数据和模型两个层面评价多源地球物理因素对于北斗/GNSS 基准站点位移的影响。最后，通过多个机器学习模型完成毫米级的北斗/GNSS 大坝监测站坐标时序序列建模。顾及地球物理因素的北斗/GNSS 大坝监测站坐标时序建模具体流程如图 3-2 所示。

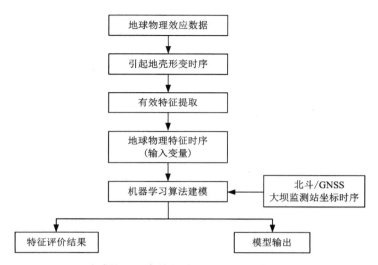

**图 3-2　顾及地球物理因素的北斗/GNSS 大坝监测站坐标时序建模**

## 3.4.3　融合校正函数的机器学习算法优化

为提升北斗/GNSS 大坝监测站坐标时序建模的精度，本研究拟从模型学习误差展开模型优化研究，具体优化流程如图 3-3 所示。

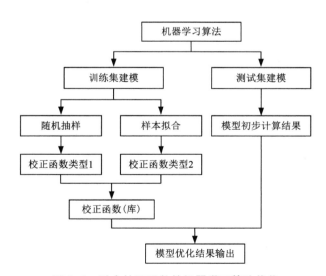

**图 3-3　融合校正函数的机器学习算法优化**

通过随机抽样的方法，在模型训练时随机抽取若干个历元进行预测。历元抽取个数应保持在 10%~20%，采样率过低，样本不具备普遍性；采样率过高，模型学习信息可能存在缺失。通过随机抽样设计校正函数时，则有：

$$\rho = \frac{X_{R1}+X_{R2}+X_{R3}+\cdots+X_{Rz}}{\hat{X}_{R1}+\hat{X}_{R2}+\hat{X}_{Rn}+\cdots+\hat{X}_{Rz}} \qquad (3-32)$$

式中：

$\rho$——校正系数；

$X_{Rz}$ 和 $\hat{X}_{Rz}$——分别为随机抽取的第 $z$ 个历元的真实值和预测值。

通过拟合数据构造校正函数时，根据 GNSS 坐标时间序列周期特性可以建立多个类型校正函数。当以年为周期时，校正函数为：

$$\rho = \frac{\rho_1+\rho_2+\cdots+\rho_n}{n} \qquad (3-33)$$

式中：

$\rho_n$——第 $n$ 年模型拟合时，将真实值和预测值代入式(3-32)计算得到的第 $n$ 年校正系数。

当将 GNSS 坐标时间序列划分为若干个周期时，校正函数为：

$$\rho = \begin{cases} \dfrac{\rho_{1T_1}+\rho_{2T_1}+\cdots+\rho_{nT_1}}{n} & (\hat{y} \in T_1) \\[2mm] \dfrac{\rho_{1T_2}+\rho_{2T_2}+\cdots+\rho_{nT_2}}{n} & (\hat{y} \in T_2) \\[2mm] \quad\quad\quad \vdots \\[2mm] \dfrac{\rho_{1T_N}+\rho_{2T_N}+\cdots+\rho_{nT_N}}{n} & (\hat{y} \in T_N) \end{cases} \qquad (3-34)$$

式中：

$\rho_{nT_N}$——式(3-33)的周期性表达，通过分段函数完成校正系数的细致划分，丰富了校正函数的适用性。

## ▶ 3.5 等价条件闭合差最小范数分量估计新方法

现代大地测量可实现连续、动态观测，以北斗/GNSS 为主的卫星导航定位基准站网近年来发展飞速，为大地测量的应用领域提供了高精度的空间基准基础设施。GNSS 坐标时间序列可以为地壳形变监测、参考框架建立等研究提供基础数据，因此被广泛应用于大地测量学及地球动力学研究。由于受电离层误差、多路径效应、地理环境等多种因素的影响，GNSS 坐标时间序列中包含了信号和误差（噪声）两部分，采用有效的方法估计噪声中各个分量的振幅，从而建立有效的噪声模型，进而精确地估计速度、周期项等运动参数，有助于地壳形变监测及构建参考框架。近年来国内外学者普遍采用方差–协方差分量估计法对时间序列噪声进行估计：其一是以平差结果作为输入变量的方法，例如最小二乘方差分量估计法（least squares variance components estimation，LS–VCE）、Helmert 法等效残差法等；其二是以等价条件闭合差为输入量的解析型 VCE 方法，研究表明 LS–VCE 法可以导出网络最小范数二次无偏估计法（minimum norm quadratic unbiased estimation，MINQUE）的方差–协方差分量估计公式，具有无偏性。马俊等认为在时间序列噪声估计的效果方面，相较于极大似然估计、最小二乘方差分量估计法，最小范数二次无偏估计法为最优的噪声方差分量估计方法。鉴于此，本研究采用等价条件闭合差构造二次型方差估计量，结合最小范数无偏估计，导出了基于等价条件闭合差最小范数分量估计方法，通过模拟的时间序列数据及北美实测的北斗/GNSS 站坐标时间序列对方法进行验证，分析方法的有效性。

### 3.5.1　等价条件平差模型

设概括条件平差模型为：

$$\begin{bmatrix} \underset{c\times n}{A} \\ \underset{s\times n}{0} \end{bmatrix} \underset{n\times 1}{V} + \begin{bmatrix} \underset{c\times u}{B} \\ \underset{s\times u}{C} \end{bmatrix} \underset{u\times 1}{x} - \begin{bmatrix} \underset{c\times 1}{W} \\ \underset{s\times 1}{Z} \end{bmatrix} = \underset{(c+s)\times 1}{0} , \underset{n\times n}{D_L} \tag{3-35}$$

式中：

$\underset{c\times n}{A}$、$\underset{c\times u}{B}$、$\underset{s\times u}{C}$——均为行满秩系数矩阵；

$W$——具有参数的条件方程闭合差；

$Z$——限制条件方程闭合差；

$D_L$——观测值 $L$ 的方差阵；

$V$、$x$——待求的残差、参数向量；

下标 $c$、$s$——条件方程的个数、限制条件方程个数；

$n$、$u$——观测数和参数个数；平差模型自由度 $r=(c+s)-u$。

令矩阵 $\overline{B}^{\mathrm{T}} = \begin{bmatrix} B^{\mathrm{T}} & C^{\mathrm{T}} \end{bmatrix}$，利用正交投影矩阵 $H$ 消去参数向量，即

$$
\begin{cases}
\underset{r\times(c+s)}{\boldsymbol{H}}\ \underset{(c+s)\times u}{\overline{\boldsymbol{B}}}=\underset{r\times u}{\boldsymbol{0}} \\[4mm]
\underset{r\times(c+s)}{\boldsymbol{H}}=\begin{bmatrix}-\underset{r\times u}{\overline{\boldsymbol{B}}_r}\underset{u\times u}{\overline{\boldsymbol{B}}_u^{-1}} & \underset{r\times r}{\boldsymbol{I}}\end{bmatrix}
\end{cases}
\tag{3-36}
$$

式中：$\boldsymbol{H}$——零空间算子；

$\overline{\boldsymbol{B}}_u$、$\overline{\boldsymbol{B}}_r$——$\overline{\boldsymbol{B}}$ 的上 $u$ 行与下 $r$ 行分块矩阵，即 $\overline{\boldsymbol{B}}^{\mathrm{T}}=\begin{bmatrix}\overline{\boldsymbol{B}}_u^{\mathrm{T}} & \overline{\boldsymbol{B}}_r^{\mathrm{T}}\end{bmatrix}$。

式(3-36)两边均乘 $\boldsymbol{H}$，可将式(3-36)概括平差模型化为等价的条件平差模型：

$$
\underset{r\times n}{\overline{\boldsymbol{A}}}\ \underset{n\times1}{\boldsymbol{V}}-\underset{r\times1}{\overline{\boldsymbol{W}}}=\underset{r\times1}{\boldsymbol{0}}，\quad \underset{n\times n}{\boldsymbol{D}_L}
\tag{3-37}
$$

式中：

$\overline{\boldsymbol{A}}=\boldsymbol{H}_c\boldsymbol{A}$、$\overline{\boldsymbol{W}}=\boldsymbol{H}_c\boldsymbol{W}+\boldsymbol{H}_s\boldsymbol{Z}$——等价条件闭合差。

其中，$\boldsymbol{H}_c$、$\boldsymbol{H}_s$ 为 $\boldsymbol{H}$ 的左 $c$ 列与右 $s$ 列分块矩阵，即 $\boldsymbol{H}=\begin{bmatrix}\boldsymbol{H}_c & \boldsymbol{H}_s\end{bmatrix}$。

### 3.5.2 等价条件闭合差的最小范数分量估计

崔希璋等设观测误差向量 $\boldsymbol{\Delta}$ 具有如下形式：
$$
\underset{n\times1}{\boldsymbol{\Delta}}=\underset{n\times n_1}{\boldsymbol{F}_1}\underset{n_1\times1}{\boldsymbol{\xi}_1}+\underset{n\times n_2}{\boldsymbol{F}_2}\underset{n_2\times1}{\boldsymbol{\xi}_2}+\cdots+\underset{n\times n_m}{\boldsymbol{F}_m}\underset{n_m\times1}{\boldsymbol{\xi}_m}=\boldsymbol{F}\boldsymbol{\xi}
\tag{3-38}
$$
式中：

$\boldsymbol{F}=\begin{bmatrix}\boldsymbol{F}_1 & \boldsymbol{F}_2 & \cdots & \boldsymbol{F}_m\end{bmatrix}$，$\boldsymbol{\xi}^{\mathrm{T}}=\begin{bmatrix}\boldsymbol{\xi}_1^{\mathrm{T}} & \boldsymbol{\xi}_2^{\mathrm{T}} & \cdots & \boldsymbol{\xi}_m^{\mathrm{T}}\end{bmatrix}$——随机误差向量；

$\boldsymbol{F}_i$——已知的 $n\times n_i$ 系数矩阵；

$n_i$——$\boldsymbol{\xi}_i$ 的维度，且 $E(\boldsymbol{\xi}_i)=0$，$D(\boldsymbol{\xi}_i)=\sigma_{0_i}^2\boldsymbol{E}_i(i=1,2,\cdots,m)$，$D(\boldsymbol{\xi}_i,\boldsymbol{\xi}_j)=0(i\neq j)$。由此有：

$$
D(\boldsymbol{L})=D(\boldsymbol{\Delta})=\sum_{i=1}^{m}\boldsymbol{F}_iD(\boldsymbol{\xi}_i)\boldsymbol{F}_i^{\mathrm{T}}=\sum_{i=1}^{m}\sigma_{0_i}^2\boldsymbol{F}_i\boldsymbol{F}_i^{\mathrm{T}}=\sum_{i=1}^{m}\sigma_{0_i}^2\boldsymbol{Q}_i
\tag{3-39}
$$
式中：
$$
\boldsymbol{Q}_i=\boldsymbol{F}_i\boldsymbol{F}_i^{\mathrm{T}}
\tag{3-40}
$$

设
$$
\underset{m\times1}{\boldsymbol{\theta}}=\begin{bmatrix}\sigma_{0_1}^2 & \sigma_{0_2}^2 & \cdots & \sigma_{0_m}^2\end{bmatrix}^{\mathrm{T}}=\begin{bmatrix}\theta_1 & \theta_2 & \cdots & \theta_m\end{bmatrix}
\tag{3-41}
$$
且设 $\underset{m\times1}{\boldsymbol{\theta}}$ 的任意线性函数为：

$$\boldsymbol{\Omega} = \alpha_1 \sigma_{0_1}^2 + \cdots + \alpha_m \sigma_{0_m}^2 = \sum_{i=1}^{m} \alpha_i \sigma_{0_m}^2 = \alpha^{\mathrm{T}} \theta \tag{3-42}$$

令

$$\tilde{\boldsymbol{\Omega}} = \overline{\boldsymbol{W}}^{\mathrm{T}} \boldsymbol{M} \overline{\boldsymbol{W}} \tag{3-43}$$

式中：

$\overline{\boldsymbol{W}} = \boldsymbol{H}_c \boldsymbol{W} + \boldsymbol{H}_s \boldsymbol{Z}$——等价条件闭合差；

$\overline{\boldsymbol{W}}^{\mathrm{T}} \boldsymbol{M} \overline{\boldsymbol{W}}$——等价条件闭合差的二次型；

$\tilde{\boldsymbol{\Omega}}$——$\boldsymbol{\Omega}$ 的估计量；

$\boldsymbol{M}$——待定的对称矩阵，并且使 $\tilde{\boldsymbol{\Omega}}$ 具有：①不变性；②无偏性；③最小范数条件。

①不变性。

所谓不变性，是指二次估计 $\overline{\boldsymbol{W}}^{\mathrm{T}} \boldsymbol{M} \overline{\boldsymbol{W}}$ 与未知参数 $\boldsymbol{X}$ 的选择无关，其中：

$$\boldsymbol{W} = \boldsymbol{AL} + \boldsymbol{BX}^0 + \boldsymbol{A}_0$$
$$\boldsymbol{Z} = \boldsymbol{CX}^0 + \boldsymbol{C}_0 \tag{3-44}$$
$$\overline{\boldsymbol{W}} = -\boldsymbol{H}_c(\boldsymbol{AL} + \boldsymbol{BX}^0 + \boldsymbol{A}_0) - \boldsymbol{H}_s(\boldsymbol{CX}^0 + \boldsymbol{C}_0)$$

式中：

$\boldsymbol{L}$、$\boldsymbol{X}^0$——观测值与参数的真值，为常数，因此 $\overline{\boldsymbol{W}}^{\mathrm{T}} \boldsymbol{M} \overline{\boldsymbol{W}}$ 具有不变性。

②无偏性。

无偏性即二次估计 $\overline{\boldsymbol{W}}^{\mathrm{T}} \boldsymbol{M} \overline{\boldsymbol{W}}$ 应满足式（3-44），估计量 $\overline{\boldsymbol{W}}^{\mathrm{T}} \boldsymbol{M} \overline{\boldsymbol{W}}$ 满足无偏性的条件为：

$$\mathrm{tr}(\boldsymbol{MC}) = \alpha_i \quad (i = 1, 2, \cdots, m) \tag{3-45}$$

式中：

$\boldsymbol{C} = \overline{\boldsymbol{A}} \, \boldsymbol{Q}_i \, \overline{\boldsymbol{A}}^{\mathrm{T}}$。

③最小范数条件。

根据统计分析假设随机变量 $\underset{n_i \times 1}{\boldsymbol{\xi}_i}$ 的估计值是已知的，则 $\sigma_{0_i}^2$ 的理论估计值应为：

$$\sigma_{0_i}^2 = \frac{\boldsymbol{\xi}_i^{\mathrm{T}} \boldsymbol{\xi}_i}{n_i} \tag{3-46}$$

则 $\boldsymbol{\Omega} = \alpha^{\mathrm{T}} \theta$ 的理论估值为：

$$\boldsymbol{\Omega} = \alpha^{\mathrm{T}} \theta = \sum_{i=1}^{m} \alpha_i \sigma_{0_i}^2 = \left(\frac{\alpha_1}{n_1}\right) \boldsymbol{\xi}_1^{\mathrm{T}} \boldsymbol{\xi}_1 + \cdots + \left(\frac{\alpha_m}{n_m}\right) \boldsymbol{\xi}_m^{\mathrm{T}} \boldsymbol{\xi}_m$$

$$= \begin{bmatrix} \boldsymbol{\xi}_1^{\mathrm{T}} & \cdots & \boldsymbol{\xi}_m^{\mathrm{T}} \end{bmatrix} \begin{bmatrix} \dfrac{\alpha_1}{n_1}\boldsymbol{E}_1 & & & \\ & \ddots & & \\ & & \ddots & \\ & & & \dfrac{\alpha_m}{n_m}\boldsymbol{E}_m \end{bmatrix} \begin{bmatrix} \boldsymbol{\xi}_1 \\ \vdots \\ \boldsymbol{\xi}_m \end{bmatrix} = \boldsymbol{\xi}^{\mathrm{T}}\boldsymbol{R}\boldsymbol{\xi} \qquad (3-47)$$

式(3-47)中,有:

$$\boldsymbol{R} = \mathrm{diag}\begin{bmatrix} \dfrac{\alpha_1}{n_1}\boldsymbol{E}_1 & \cdots & \dfrac{\alpha_m}{n_m}\boldsymbol{E}_m \end{bmatrix} \qquad (3-48)$$

$\boldsymbol{\Omega} = \boldsymbol{\alpha}^{\mathrm{T}}\boldsymbol{\theta}$ 的实际估值为:

$$\tilde{\boldsymbol{\Omega}} = \overline{\boldsymbol{W}}^{\mathrm{T}}\boldsymbol{M}\overline{\boldsymbol{W}} = (\overline{\boldsymbol{A}}\boldsymbol{\Delta})^{\mathrm{T}}\boldsymbol{M}(\overline{\boldsymbol{A}}\boldsymbol{\Delta}) = \boldsymbol{\Delta}^{\mathrm{T}}\overline{\boldsymbol{A}}^{\mathrm{T}}\boldsymbol{M}\overline{\boldsymbol{A}}\boldsymbol{\Delta} \qquad (3-49)$$

令 $\overline{\boldsymbol{A}}^{\mathrm{T}}\boldsymbol{M}\,\overline{\boldsymbol{A}} = \boldsymbol{M}_1$,则有:

$$\tilde{\boldsymbol{\Omega}} = \boldsymbol{\Delta}^{\mathrm{T}}\boldsymbol{M}_1\boldsymbol{\Delta} = \boldsymbol{\xi}^{\mathrm{T}}\boldsymbol{F}^{\mathrm{T}}\boldsymbol{M}_1\boldsymbol{F}\boldsymbol{\xi} \qquad (3-50)$$

由式(3-47)和式(3-50)可知,$\boldsymbol{\Omega}$ 的实际估值与理论估值之差为:

$$\tilde{\boldsymbol{\Omega}} - \boldsymbol{\Omega} = \boldsymbol{\xi}^{\mathrm{T}}\boldsymbol{F}^{\mathrm{T}}\boldsymbol{M}_1\boldsymbol{F}\boldsymbol{\xi} - \boldsymbol{\xi}^{\mathrm{T}}\boldsymbol{R}\boldsymbol{\xi} = \boldsymbol{\xi}^{\mathrm{T}}(\boldsymbol{F}^{\mathrm{T}}\boldsymbol{M}_1\boldsymbol{F} - \boldsymbol{R})\boldsymbol{\xi} \qquad (3-51)$$

选择其欧式范数为最小,即适当地选择某一矩阵 $\boldsymbol{M}_1$,使得:

$$\| \boldsymbol{F}^{\mathrm{T}}\boldsymbol{M}_1\boldsymbol{F} - \boldsymbol{R} \|^2 = \min \qquad (3-52)$$

最小范数条件 $\| \boldsymbol{F}^{\mathrm{T}}\boldsymbol{M}_1\boldsymbol{F} - \boldsymbol{R} \|^2 = \min$ 等价于:

$$\mathrm{tr}(\boldsymbol{M}_1\boldsymbol{Q}\boldsymbol{M}_1\boldsymbol{Q}) = \min \qquad (3-53)$$

令 $\boldsymbol{C} = \overline{\boldsymbol{A}}\,\boldsymbol{Q}_i\,\overline{\boldsymbol{A}}^{\mathrm{T}}$,则式(3-53)为:

$$\mathrm{tr}(\overline{\boldsymbol{A}}^{\mathrm{T}}\boldsymbol{M}\overline{\boldsymbol{A}}\boldsymbol{Q}\overline{\boldsymbol{A}}^{\mathrm{T}}\boldsymbol{M}\overline{\boldsymbol{A}}\boldsymbol{Q}) = \mathrm{tr}(\overline{\boldsymbol{A}}\boldsymbol{Q}\overline{\boldsymbol{A}}^{\mathrm{T}}\boldsymbol{M}\overline{\boldsymbol{A}}\boldsymbol{Q}\overline{\boldsymbol{A}}^{\mathrm{T}}\boldsymbol{M})$$
$$= \mathrm{tr}(\boldsymbol{C}\boldsymbol{M}\boldsymbol{C}\boldsymbol{M}) = \min \qquad (3-54)$$

因此,若矩阵 $\boldsymbol{M}$ 是下述极值问题的解:

$$\begin{cases} \text{迹最小:} \ \mathrm{tr}(\boldsymbol{M}_1\boldsymbol{Q}\boldsymbol{M}_1\boldsymbol{Q}) = \min \\ \text{且满足:} \ \mathrm{tr}(\boldsymbol{M}\overline{\boldsymbol{A}}\boldsymbol{Q}_i\overline{\boldsymbol{A}}^{\mathrm{T}}) = \mathrm{tr}(\boldsymbol{M}\boldsymbol{C}) = \alpha_i \end{cases} \qquad (3-55)$$

则二次型 $\overline{\boldsymbol{W}}^{\mathrm{T}}\boldsymbol{M}\,\overline{\boldsymbol{W}}$ 为 $\displaystyle\sum_{i=1}^{m}\alpha_i\sigma_{0_i}^2$ 的最小二乘无偏估计,构建条件极值拉格朗日函数:

$$\boldsymbol{\varPhi}(\boldsymbol{M}) = 2\mathrm{tr}(\boldsymbol{C}\boldsymbol{M}\boldsymbol{C}\boldsymbol{M}) - 4\sum_{i=1}^{m}\lambda_i(\mathrm{tr}(\boldsymbol{M}\boldsymbol{C}_i) - \alpha_i) \qquad (3-56)$$

式(3-56)中 $\lambda_i$ 是对应于式(3-45)的 $m$ 个联系数。对 $\boldsymbol{\varPhi}(\boldsymbol{M})$ 求一阶偏导数,即

$$\frac{\partial \boldsymbol{\varPhi}(\boldsymbol{M})}{\partial \boldsymbol{M}} = 0 \qquad (3-57)$$

得：

$$\frac{\partial \Phi(\boldsymbol{M})}{\partial \boldsymbol{M}} = \boldsymbol{CMC} - \sum_{i=1}^{m} \lambda_i \boldsymbol{C}_i = 0 \tag{3-58}$$

因此，MINQUE 可归结下列方程的解：

$$\boldsymbol{CMC} - \sum_{i=1}^{m} \lambda_i \boldsymbol{C}_i = 0$$
$$\mathrm{tr}(\boldsymbol{MC}_i) = \alpha_i \tag{3-59}$$

由式(3-59)得：

$$\boldsymbol{M} = \boldsymbol{C}^{-1} \left( \sum_{i=1}^{m} \lambda_i \boldsymbol{C}_i \right) \boldsymbol{C}^{-1} \tag{3-60}$$

将式(3-60)带入式(3-45)得：

$$\mathrm{tr} \left( \boldsymbol{C}^{-1} \left( \sum_{i=1}^{m} \lambda_i \boldsymbol{C}_i \right) \boldsymbol{C}^{-1} \boldsymbol{C}_j \right) = \sum_{i=1}^{m} \lambda_i \mathrm{tr}(\boldsymbol{C}^{-1} \boldsymbol{C}_i \boldsymbol{C}^{-1} \boldsymbol{C}_j) = \alpha_j \tag{3-61}$$

写成矩阵形式：

$$\underset{m \times m}{\boldsymbol{S}} \underset{m \times 1}{\boldsymbol{\lambda}} = \underset{m \times 1}{\boldsymbol{\alpha}} \tag{3-62}$$

当 $\boldsymbol{S}$ 满秩时，则联系数 $\boldsymbol{\lambda}$ 的解为 $\boldsymbol{\lambda} = \boldsymbol{S}^{-1} \boldsymbol{\alpha}$，系数矩阵 $\boldsymbol{S}$ 的具体表达式为：

$$\boldsymbol{S} = \mathrm{tr}(\boldsymbol{C}^{-1} \boldsymbol{C}_i \boldsymbol{C}^{-1} \boldsymbol{C}_j)$$

$$= \begin{bmatrix} \mathrm{tr}(\boldsymbol{C}^{-1} \boldsymbol{C}_1 \boldsymbol{C}^{-1} \boldsymbol{C}_1) & \mathrm{tr}(\boldsymbol{C}^{-1} \boldsymbol{C}_1 \boldsymbol{C}^{-1} \boldsymbol{C}_2) & \cdots & \mathrm{tr}(\boldsymbol{C}^{-1} \boldsymbol{C}_1 \boldsymbol{C}^{-1} \boldsymbol{C}_m) \\ \mathrm{tr}(\boldsymbol{C}^{-1} \boldsymbol{C}_2 \boldsymbol{C}^{-1} \boldsymbol{C}_1) & \mathrm{tr}(\boldsymbol{C}^{-1} \boldsymbol{C}_2 \boldsymbol{C}^{-1} \boldsymbol{C}_2) & \cdots & \mathrm{tr}(\boldsymbol{C}^{-1} \boldsymbol{C}_2 \boldsymbol{C}^{-1} \boldsymbol{C}_m) \\ \vdots & \vdots & \vdots & \vdots \\ \mathrm{tr}(\boldsymbol{C}^{-1} \boldsymbol{C}_m \boldsymbol{C}^{-1} \boldsymbol{C}_1) & \mathrm{tr}(\boldsymbol{C}^{-1} \boldsymbol{C}_m \boldsymbol{C}^{-1} \boldsymbol{C}_2) & \cdots & \mathrm{tr}(\boldsymbol{C}^{-1} \boldsymbol{C}_m \boldsymbol{C}^{-1} \boldsymbol{C}_m) \end{bmatrix} \tag{3-63}$$

由于

$$\boldsymbol{\alpha}^{\mathrm{T}} \hat{\boldsymbol{\theta}} = \overline{\boldsymbol{W}}^{\mathrm{T}} \boldsymbol{M} \overline{\boldsymbol{W}} = \sum_{i=1}^{m} \lambda_i \overline{\boldsymbol{W}}^{\mathrm{T}} \boldsymbol{C}^{-1} \boldsymbol{C}_i \boldsymbol{C}^{-1} \overline{\boldsymbol{W}}$$

$$= \begin{bmatrix} \lambda_1 & \lambda_2 & \cdots & \lambda_m \end{bmatrix} \begin{bmatrix} \overline{\boldsymbol{W}}^{\mathrm{T}} \boldsymbol{C}^{-1} \boldsymbol{C}_1 \boldsymbol{C}^{-1} \overline{\boldsymbol{W}} \\ \overline{\boldsymbol{W}}^{\mathrm{T}} \boldsymbol{C}^{-1} \boldsymbol{C}_2 \boldsymbol{C}^{-1} \overline{\boldsymbol{W}} \\ \vdots \\ \overline{\boldsymbol{W}}^{\mathrm{T}} \boldsymbol{C}^{-1} \boldsymbol{C}_m \boldsymbol{C}^{-1} \overline{\boldsymbol{W}} \end{bmatrix} = \boldsymbol{\lambda}^{\mathrm{T}} \boldsymbol{W}_{\theta} \tag{3-64}$$

式(3-64)中有：

$$\boldsymbol{W}_{\theta} = \begin{bmatrix} \overline{\boldsymbol{W}}^{\mathrm{T}} \boldsymbol{C}^{-1} \boldsymbol{C}_1 \boldsymbol{C}^{-1} \overline{\boldsymbol{W}} & \overline{\boldsymbol{W}}^{\mathrm{T}} \boldsymbol{C}^{-1} \boldsymbol{C}_2 \boldsymbol{C}^{-1} \overline{\boldsymbol{W}} & \cdots & \overline{\boldsymbol{W}}^{\mathrm{T}} \boldsymbol{C}^{-1} \boldsymbol{C}_m \boldsymbol{C}^{-1} \overline{\boldsymbol{W}} \end{bmatrix}^{\mathrm{T}} \tag{3-65}$$

将式(3-63)代入式(3-64)，即得 $\boldsymbol{\alpha}^{\mathrm{T}} \hat{\boldsymbol{\theta}} = \boldsymbol{\alpha}^{\mathrm{T}} \boldsymbol{S}^{-1} \boldsymbol{W}_{\theta}$，因此单位权方差分量的估值 $\hat{\boldsymbol{\theta}}$ 为：

$$\hat{\boldsymbol{\theta}} = \boldsymbol{S}^{-1}\boldsymbol{W}_\theta \qquad\qquad (3\text{-}66)$$

结合上述推导过程，表明最小范数二次无偏估计等价条件闭合差法（minimum norm quadratic unbiased estimation-equivalent condition closure method，MINQUE–ECM）与采用条件平差模型的最小范数二次无偏估计法（minimum norm quadratic unbiased estimation）具有相似的运算公式，可进一步证明本研究方法的正确性，因此式（3-63）、式（3-65）和式（3-66）为等价条件闭合差的方差-协方差最小范数分量估计方法的计算公式。

### 3.5.3　北斗/GNSS 大坝监测站坐标时序建模

GNSS 单站、单分量坐标时间序列函数模型及随机模型分别为

$$y(t_i) = a + bt_i + c\sin(2\pi t_i) + d\cos(2\pi t_i) + e\sin(4\pi t_i) + f\cos(4\pi t_i) + \boldsymbol{v}_i \quad (3\text{-}67)$$

$$D_y = \sigma^2_{\mathrm{WN}}\boldsymbol{Q}_{\mathrm{WN}} + \sigma^2_{\mathrm{FN}}\boldsymbol{Q}_{\mathrm{FN}} \qquad\qquad (3\text{-}68)$$

式中：

$t_i$——观测时间，单位为年；

$a$——测站时间序列的起始位置；

$b$——测站运动的线性速度；

$c$、$d$ 和 $e$、$f$——测站周年项运动和半周年运动的振幅；

$\boldsymbol{v}_i$——噪声；

$\sigma_{\mathrm{WN}}$、$\sigma_{\mathrm{FN}}$——所求的噪声分量的大小即噪声振幅；

$\boldsymbol{Q}_{\mathrm{WN}}$——白噪声的协因数矩阵；

$\boldsymbol{Q}_{\mathrm{FN}}$——闪烁噪声的协因数矩阵。

闪烁噪声的协因数矩阵可由转换矩阵 $\boldsymbol{T}$ 与 $\boldsymbol{Q}_{\mathrm{WN}}$ 转换而成，其具体形式为

$$\boldsymbol{Q}_{\mathrm{FN}} = \boldsymbol{T}^{\mathrm{T}}\boldsymbol{Q}_{\mathrm{WN}}\boldsymbol{T} \qquad\qquad (3\text{-}69)$$

$$\boldsymbol{Q}_{\mathrm{WN}} = \boldsymbol{I} \qquad\qquad (3\text{-}70)$$

$$\boldsymbol{T} = \begin{bmatrix} \varphi_0 & 0 & 0 & \cdots & 0 \\ \varphi_1 & \varphi_0 & 0 & \cdots & 0 \\ \varphi_2 & \varphi_1 & \varphi_0 & \cdots & 0 \\ \vdots & \vdots & \vdots & \ddots & \vdots \\ \varphi_{n-1} & \varphi_{n-2} & \varphi_{n-3} & \cdots & \varphi_0 \end{bmatrix} \qquad (3\text{-}71)$$

式中：

$k$——谱指数，对于闪烁噪声，$k = -1$；

$$\varphi_n = \frac{-\dfrac{k}{2}\left(1 - \dfrac{k}{2}\right)\cdots\left(n - 1 - \dfrac{k}{2}\right)}{n!}, \ \varphi_0 = 1。$$

**1. 模拟数据实验结果分析**

为了验证 LS-VCE、MINQUE 及 MINQUE-ECM 对 GNSS 站坐标时间序列中噪声振幅估计的正确性，需要知道实验数据中噪声分量的方差，为此，本研究首先基于模拟数据对上述 3 种方法进行实验分析。

为使模拟时间序列数据尽可能地接近真实的 GNSS 站坐标时间序列，本研究采用 CHUN、HLAR、TAIN 3 个测站所提供的相关参数，噪声模型选择白噪声和闪烁噪声，具体模拟步骤如下：

①利用中国大陆构造环境监测网络 [ crustal movement observation network of China，CMONOC，数据来源于中国地震 GNSS 数据产品服务平台（http://www.cgps.ac.cn）] 提供的 CHUN、HLAR、TAIN 测站北（N）、东（E）、竖直（U）方向的运动参数，表 3-1~表 3-3 分别为 3 个测站 3 个方向的测站起始位置（$a$）、速度（$b$）、周年项运动（$c$、$d$）、半周年项运动（$e$、$f$）的运动参数取值。

表 3-1　北（N）方向运动参数

| 测站 | $a$ | $b$ | $c$ | $d$ | $e$ | $f$ |
|---|---|---|---|---|---|---|
| CHUN | 44.80 | -12.17 | -0.09 | 0.25 | -0.02 | -0.26 |
| HLAR | 31.70 | -11.28 | -0.46 | 0.08 | -0.12 | -0.11 |
| TAIN | 31.70 | -11.32 | -0.18 | -0.01 | -0.04 | -0.04 |

表 3-2　东（E）方向运动参数

| 测站 | $a$ | $b$ | $c$ | $d$ | $e$ | $f$ |
|---|---|---|---|---|---|---|
| CHUN | -104.00 | 26.85 | -0.03 | 0.57 | -0.38 | -0.09 |
| HLAR | -74.10 | 26.02 | -0.38 | 0.44 | -0.32 | 0.17 |
| TAIN | -89.60 | 31.58 | -0.43 | 0.54 | -0.03 | 0.06 |

表 3-3　竖直（U）方向运动参数

| 测站 | $a$ | $b$ | $c$ | $d$ | $e$ | $f$ |
|---|---|---|---|---|---|---|
| CHUN | -0.80 | -0.31 | 1.18 | 2.45 | 1.17 | -0.60 |
| HLAR | -27.70 | 1.18 | -3.05 | -1.79 | 0.48 | -0.41 |
| TAIN | -6.50 | 0.92 | -3.75 | 1.22 | 1.20 | -0.54 |

②研究表明，白噪声+闪烁噪声为中国区域最佳噪声模型，因此本研究选用的噪声模型为白噪声和闪烁噪声，其中采用基于快速傅里叶变换（fast fourier transformation，FFT）的有限冲激响应滤波（finite impulse response，FIR）对闪烁噪声进行模拟。表3-4为白噪声及闪烁噪声的振幅取值，即噪声标准差。

表3-4　模拟数据噪声振幅（噪声标准差）

| 测站 | WN/mm | FN/（mm·a$^{-1.25}$） |
|---|---|---|
| CHUN_N | 0.5006 | 0.3770 |
| CHUN_E | 0.9982 | 0.7361 |
| CHUN_U | 1.3983 | 0.8194 |
| HLAR_N | 0.6022 | 0.4968 |
| HLAR_E | 1.2003 | 0.7041 |
| HLAR_U | 1.7970 | 1.1128 |
| TAIN_N | 0.8018 | 0.4104 |
| TAIN_E | 0.7000 | 0.4807 |
| TAIN_U | 1.4032 | 0.1873 |

注：高斯白噪声（WN）的单位为mm；闪烁噪声（FN）的单位为mm/a$^{-0.25}$。

③选取2007—2017年这10年的时间将模拟出来的噪声数据和CHUN、HLAR、TAIN测站的运动参数根据式（3-41）模拟出3个测站3个方向共9组数据。其中SCHUN、SHLAR、STAIN表示模拟出的3个测站类别。各测站单方向的数据由6个运动参数及白噪声和闪烁噪声叠加组成，SCHUN站、SHLAR站的采样点数为3527，STAIN站的采样点数为3551，采样间隔为1 d，并采用LS-VCE、MINQUE、MINQUE-ECM对三个测站进行噪声振幅估计，每个测站单方向按上述方案进行了50次模拟，将50次实验结果的平均值作为噪声标准差的估计值，并统计其中误差。表3-5~表3-7为用LS-VCE、MINQUE、MINQUE-ECM计算3个测站3个方向的噪声振幅。

表 3-5　LS-VCE 对模拟数据的估计结果

| 测站 | N | | E | | U | |
|------|--------|-------------------------------|--------|-------------------------------|--------|-------------------------------|
| | WN/mm | FN/(mm·a$^{-1.25}$) | WN/mm | FN/(mm·a$^{-1.25}$) | WN/mm | FN/(mm·a$^{-1.25}$) |
| SCHUN | 0.5099± 0.0085 | 0.4914± 0.0294 | 1.0198± 0.0158 | 0.9755± 0.0574 | 1.4170± 0.0259 | 1.0767± 0.0920 |
| SHLAR | 0.6166± 0.0098 | 0.6389± 0.0493 | 1.2179± 0.0192 | 0.9198± 0.0721 | 1.8239± 0.0263 | 1.4529± 0.1135 |
| STAIN | 0.8088± 0.0114 | 0.5430± 0.0463 | 0.7133± 0.0113 | 0.6287± 0.0426 | 1.4027± 0.0194 | 0.3074± 0.1440 |

表 3-6　MINQUE 对模拟数据的估计结果

| 测站 | N | | E | | U | |
|------|--------|-------------------------------|--------|-------------------------------|--------|-------------------------------|
| | WN/mm | FN/(mm·a$^{-1.25}$) | WN/mm | FN/(mm·a$^{-1.25}$) | WN/mm | FN/(mm·a$^{-1.25}$) |
| SCHUN | 0.5099± 0.0085 | 0.4914± 0.0294 | 1.0198± 0.0158 | 0.9755± 0.0574 | 1.4170± 0.0259 | 1.0767± 0.0920 |
| SHLAR | 0.6166± 0.0098 | 0.6389± 0.0493 | 1.2179± 0.0192 | 0.9198± 0.0721 | 1.8239± 0.0263 | 1.4529± 0.1135 |
| STAIN | 0.8088± 0.0114 | 0.5430± 0.0463 | 0.7133± 0.0113 | 0.6287± 0.0426 | 1.4027± 0.0194 | 0.3074± 0.1440 |

表 3-7　MINQUE-ECM 对模拟数据的估计结果

| 测站 | N | | E | | U | |
|------|--------|-------------------------------|--------|-------------------------------|--------|-------------------------------|
| | WN/mm | FN/(mm·a$^{-1.25}$) | WN/mm | FN/(mm·a$^{-1.25}$) | WN/mm | FN/(mm·a$^{-1.25}$) |
| SCHUN | 0.5099± 0.0085 | 0.4913± 0.0294 | 1.0199± 0.0159 | 0.9750± 0.0576 | 1.4170± 0.0259 | 1.0760± 0.0920 |
| SHLAR | 0.6166± 0.0098 | 0.6387± 0.0493 | 1.2179± 0.0192 | 0.9192± 0.0719 | 1.8240± 0.0262 | 1.4522± 0.1135 |
| STAIN | 0.8088± 0.0114 | 0.5430± 0.0463 | 0.7133± 0.0113 | 0.6287± 0.0426 | 1.4027± 0.0194 | 0.3076± 0.1438 |

分析表 3-4~表 3-6 的数据可知，LS-VCE 和 MINQUE 对仿真数据的白噪声的估计效果较好，其误差保持在 0.01 mm 左右，对仿真数据的闪烁噪声的估计的结果相较于白噪声较差，但误差范围保持在 0.1~0.2 mm/a$^{-0.25}$。因此，该结果说明了本研究所采用的 LS-VCE 和 MINQUE 对噪声振幅估计结果的正确性。表 3-5~表 3-8 结果显示，LS-VCE 和 MINQUE 所估计的白噪声和闪烁噪声的振幅完全相同，本研究所采用的 MINQUE-ECM 对白噪声和闪烁噪声的估计结果相比较与上述两种方法的估计结果只在小数点后 4 位存在差异，因此，上述分析可表明 MINQUE-ECM 与 LS-VCE、MINQUE 具有一致的估计结果，说明了本研究方法对噪声振幅估计结果的正确性。

表 3-8　MINQUE-ECM 与 MINQUE 差值结果

| 测站 | N | | E | | U | |
|---|---|---|---|---|---|---|
| | WN/mm | FN/(mm·a$^{-1.25}$) | WN/mm | FN/(mm·a$^{-1.25}$) | WN/mm | FN/(mm·a$^{-1.25}$) |
| SCHUN | 0 | −0.0001 | 0.0001 | −0.0005 | 0 | −0.0007 |
| SHLAR | 0 | −0.0002 | 0 | −0.0006 | 0.0001 | −0.0007 |
| STAIN | 0 | 0 | 0 | 0 | 0 | 0.0002 |

**2. 实测数据实验结果分析**

为进一步验证本研究方法与 LS-VCE、MINQUE 估计结果的一致性，也为使数据更贴合于实际，本研究选用 SOPAC GPS 提供的 2007—2017 年共 10 年的北美 13 个 GNSS 测站数据，该序列采用主成分方法进行共模误差滤波处理（CME），以消除共模误差对噪声估计的影响，再采用上述三种方法对这些数据进行噪声分量的振幅估计，表 3-9 为北（N）、竖直（U）、东（E）3 个方向的中误差 $\sigma_{WN}$、$\sigma_{FN}$ 的估计结果。

当对估计结果选取小数点后两位的精度时，由表 3-9 数据可知，本研究方法对于闪烁噪声估计结果在 BALD 站的 N 方向和 E 方向，ACO7 站的 E 方向以及 AB13 站的 U 方向与 LS-VCE 法、MINQUE 法的估计结果存在 0.01 mm/a$^{-0.25}$ 的误差，其余估计结果均与两种方法相同，表明 3 种方法具有一致的估计结果，因此，用实际数据进一步验证了本研究方法在时间序列的噪声振幅估计方面的正确性。

表 3-9　噪声振幅三方向估计结果

| 测站 | N LS-VCE WN | N LS-VCE FN | N MINQUE WN | N MINQUE FN | N MINQUE-ECM WN | N MINQUE-ECM FN | E LS-VCE WN | E LS-VCE FN | E MINQUE WN | E MINQUE FN | E MINQUE-ECM WN | E MINQUE-ECM FN | U LS-VCE WN | U LS-VCE FN | U MINQUE WN | U MINQUE FN | U MINQUE-ECM WN | U MINQUE-ECM FN |
|---|---|---|---|---|---|---|---|---|---|---|---|---|---|---|---|---|---|---|
| AB01 | 3.02 | 3.84 | 3.02 | 3.84 | 3.02 | 3.84 | 2.70 | 3.29 | 2.70 | 3.29 | 2.70 | 3.29 | 6.87 | 9.04 | 6.87 | 9.04 | 6.87 | 9.04 |
| AB02 | 2.41 | 3.58 | 2.41 | 3.58 | 2.41 | 3.58 | 2.35 | 3.26 | 2.35 | 3.26 | 2.35 | 3.26 | 5.94 | 8.61 | 5.94 | 8.61 | 5.94 | 8.61 |
| AC06 | 2.35 | 3.11 | 2.35 | 3.11 | 2.35 | 3.11 | 2.54 | 2.78 | 2.54 | 2.78 | 2.54 | 2.78 | 6.00 | 8.44 | 6.00 | 8.44 | 6.00 | 8.44 |
| AC07 | 7.69 | 10.88 | 7.69 | 10.88 | 7.69 | 10.88 | 8.28 | 12.49 | 8.28 | 12.49 | 8.28 | 12.50 | 22.28 | 35.10 | 22.28 | 35.10 | 22.28 | 35.10 |
| AC08 | 3.08 | 3.75 | 3.08 | 3.75 | 3.08 | 3.75 | 3.83 | 5.39 | 3.83 | 5.39 | 3.83 | 5.39 | 8.47 | 10.88 | 8.47 | 10.88 | 8.47 | 10.88 |
| AC09 | 4.06 | 7.15 | 4.06 | 7.15 | 4.06 | 7.15 | 2.66 | 4.44 | 2.66 | 4.44 | 2.66 | 4.44 | 4.78 | 7.22 | 4.78 | 7.22 | 4.78 | 7.22 |
| AC31 | 1.81 | 2.65 | 1.81 | 2.65 | 1.81 | 2.65 | 2.22 | 3.31 | 2.22 | 3.31 | 2.22 | 3.31 | 7.27 | 10.50 | 7.27 | 10.50 | 7.27 | 10.50 |
| AC32 | 4.06 | 7.32 | 4.06 | 7.32 | 4.06 | 7.32 | 3.42 | 5.75 | 3.42 | 5.75 | 3.42 | 5.75 | 7.92 | 13.12 | 7.92 | 13.12 | 7.92 | 13.12 |
| BALD | 1.66 | 2.75 | 1.66 | 2.75 | 1.66 | 2.74 | 1.30 | 1.12 | 1.30 | 1.12 | 1.30 | 1.12 | 4.27 | 5.14 | 4.27 | 5.14 | 4.27 | 5.13 |
| BAMO | 0.68 | 0.60 | 0.68 | 0.60 | 0.68 | 0.60 | 0.90 | 0.53 | 0.90 | 0.53 | 0.90 | 0.53 | 2.93 | 2.85 | 2.93 | 2.85 | 2.93 | 2.85 |
| AB12 | 10.33 | 16.72 | 10.33 | 16.72 | 10.33 | 16.72 | 10.03 | 15.44 | 10.03 | 15.44 | 10.03 | 15.44 | 24.46 | 39.25 | 24.46 | 39.25 | 24.46 | 39.25 |
| AB13 | 2.56 | 3.42 | 2.56 | 3.42 | 2.56 | 3.42 | 3.86 | 5.94 | 3.86 | 5.94 | 3.87 | 5.94 | 6.78 | 9.03 | 6.78 | 9.03 | 6.79 | 9.05 |
| AHID | 0.86 | 0.97 | 0.86 | 0.97 | 0.86 | 0.97 | 1.39 | 1.49 | 1.39 | 1.49 | 1.39 | 1.49 | 4.11 | 4.97 | 4.11 | 4.97 | 4.11 | 4.97 |

注：高斯白噪声（WN）的单位为 mm；闪烁噪声（FN）的单位为 $mm/a^{-0.25}$。

分析表 3-4～表 3-8 中数据，大部分测站白噪声的振幅约为闪烁噪声振幅的 1/2，表明时间序列的数据噪声中有色噪声为主要噪声，若只采用白噪声模型进行运动参数解算，则会导致解算出的测站运动速度偏高。对比分析北、竖直、东 3 个方向的噪声振幅，北方向的所有测站的白噪声振幅都在 5 mm 以内，闪烁噪声中 69.2% 的测站的噪声分量小于 5 mm/$a^{-0.25}$，15.3% 的测站的噪声振幅为 5～10 mm/$a^{-0.25}$，东方向的白噪声中有 84.6% 的测站的噪声振幅小于 5 mm，闪烁噪声中 76.9% 的测站的噪声振幅小于 5 mm/$a^{-0.25}$，因此北方向与东方向的噪声振幅相差不大，而竖直方向的白噪声中 69.2% 的测站的噪声振幅大于 5 mm，闪烁噪声中 76.9% 的测站的噪声振幅大于 5 mm/$a^{-0.25}$，因此竖直方向的噪声振幅远大于水平方向，这与现有结论相同，说明结果具有参考价值。

LS-VCE 均以残差向量为输入量，而本研究 MINQUE-VCE 以等价条件闭合差为输入量，后者实现了平差值求解与随机模型估计分离；等价条件闭合差维数低于残差向量维数，且前者为不需求解的已知量，因此计算效率方面明显优于前者，并且根据文献，MINQUE-ECM 在进行结果计算的时候，无须进行多次迭代或搜寻过程，因此 MINQUE-ECM 相较于 LS-VCE 的计算效率有所提高。

为进一步验证本研究所提方法的计算效率，选取所分析的 13 个测站的数据，在 MATLAB2014 环境下统计 LS-VCE 及 MINQUE-VCE 计算其结果所需要的时间。表 3-10 为两种方法运算时间。分析表 3-10 数据将 LS-VCE 的运算时间作为标准，其中，所分析的 13 个测站 MINQUE-ECM 的计算时间约为 LS-VCE 的 20%，表明本研究的方法在计算效率上有一定的提高。

表 3-10　两种方法运算时间

| 测站 | LS-VCE/s | MINQUE-ECM/s | 时间比例/% |
|---|---|---|---|
| AB01 | 55.12 | 14.99 | 27.19 |
| AB02 | 51.88 | 11.75 | 22.65 |
| AC06 | 51.69 | 11.57 | 22.39 |
| AC07 | 51.78 | 11.34 | 21.91 |
| AC08 | 54.02 | 11.71 | 21.67 |
| AC09 | 51.85 | 12.66 | 24.42 |

**续表3-10**

| 测站 | LS-VCE/s | MINQUE-ECM/s | 时间比例/% |
|------|----------|--------------|-----------|
| AC31 | 50.78 | 11.59 | 22.82 |
| AC32 | 50.50 | 11.22 | 22.22 |
| BALD | 51.01 | 11.16 | 21.88 |
| BAMO | 50.49 | 11.61 | 23.00 |
| AB12 | 51.30 | 11.25 | 21.93 |
| AB13 | 51.45 | 11.92 | 23.16 |
| AHID | 50.10 | 11.17 | 22.29 |

　　本研究提出一种基于等价条件闭合差最小范数估计公式,简称 MINQUE-ECM。该方法通过等价条件平差模型及最小范数准则,采用等价条件闭合差构造二次型方差估计量,结合不变性、无偏性、最小范数准则等条件,导出了基于等价条件闭合差的方差-协方差分量最小范数估计公式,实现了平差值求解与随机模型估计的分离,同时兼顾最小范数、无偏性、不变性及等价条件闭合差的特性。通过模拟数据及 13 个 GNSS 测站坐标时间序列在白噪声和闪烁噪声模型下的噪声振幅估计结果及运算时间可知,本研究 MINQUE-ECM 与 LS-VCE、MINQUE 估计结果相同,验证了本研究 MINQUE-ECM 的正确性及相较于 LS-VCE 的计算效率更高。但本研究方法针对数据量较大的方差-协方差分量估计时会出现矩阵 $C = \overline{A}\, Q_i\, \overline{A}^{\mathrm{T}}$ 的行列式较小的问题,导致数值计算的不稳定性,这方面有待进一步研究。

## 3.6　北斗/GNSS 坐标时序幕式震颤与慢滑移精确修正

　　已有研究发现,长尺度北斗/GNSS 坐标时序存在一种不寻常地震现象"间歇性震颤与滑移(episodic tremor and slip,ETS)",它们与断层蠕动、慢滑、普通地震等存在一些关系。对这些信号的研究有利于我们更加科学地认识弱震动信号,有助于我们了解地球物理现象,对地震孕育等探索性工作也有重要意义。尹凤玲等研究表明,在日本与卡斯卡迪亚地区间歇性震颤与滑移位于板块深部、断层及海底等，全年稳定地滑移，慢滑移（或称间歇性震颤与滑移）现象可以通过 GNSS 传感器进行检测。张因等通过 GNSS 测量表面变形数据显示在深度 35~55 km 处，板块边界层将会在 11~15 个月后突然快速移动几周，慢滑移对板块产生的影响为几厘米每年至 20 厘米每年，并指出通过长周期的 GNSS 观测资料探索该物理过程的模式规律有助于我们更多地了解慢滑移存在的地质特征。尹海权等对慢地震幕式震颤与慢滑移的特征、成因进行分析，指出可以从慢地震的角度重新思考以往比较熟悉的地震前兆特征，从中提取出可用的地震前兆信息，并解决慢地震识别、定位和震源机制的判定问题。姜卫平等通过研究澳大利亚复杂的板块构造边界，通过 3~10 年的 12 个 GNSS 测站推断澳大利亚板块是否存在显著的变形，发现 GNSS 时间序列中假设白噪声加闪烁噪声与幂律过程同时估计谱指数的方式对线性的构造信号具有等效性；另外，准确可靠的 GPS 站速度参数是研究板块构造运动的前提。已有的研究表明，GNSS 坐标时间序列噪声模型特性模型为闪烁噪声+白噪声（flicker noise+white noise，FN+WN）、闪烁噪声+少部分的随机游走噪声（flicker noise+random walk noise，FN+RW）、幂律噪声模型（power-law noise，PL）、广义高斯马尔科夫模型（generalized gauss-markov，GGM）等。ETS 过程是否会对 GPS 基准站运动特征产生相关的影响，如对 GPS 基准站速度估计的影响，有待进一步研究。

本研究选择连续运行的 20 个 GPS 观测站，选择组合噪声模型高斯马尔科夫+白噪声（GGM+WN）、闪烁噪声+随机游走噪声+白噪声（FN+RW+WN）、幂律噪声+白噪声（PL+WN）及闪烁噪声+白噪声（FN+WN）噪声模型，估计 ETS 对 GNSS 测站坐标时间序列噪声模型的影响分析，获取稳定可靠的 GNSS 测站速度及其不确定度参数，为国际热点研究大陆构造等提供有价值的参考资料。

### 3.6.1　北斗/GNSS 坐标时序噪声模型估计

#### 1. 北斗/GNSS 坐标时序建模

假设观测值是确定性噪声模型和随机噪声的总和，Bevis 与 Brown 确定性模型可表示为：

$$x = \sum_{i=0}^{np} p_i({}^t - t_R)i + \sum_{i=1}^{nJ} b_j H(t - t_j) +$$
$$\sum_{i=1}^{nF} s_i \sin(\omega_i t) + c_i \cos(\omega_i t) +$$
$$\sum_{i=1}^{nT} e_i(1 - \exp(-(t - t_i)/T_i)) +$$
$$\sum_{k=1}^{nL} a_k \log[1 + (t - t_k)/T_k] \qquad (3-72)$$

式中：

$p_i$——$np$ 多项式系数，当系数为 1 时，表示为线性，若给出每年单位比率，其中一年被定义为 365.25 天，则加速度为二次项的两倍；

$H(t)$——HeaviSe 阶跃函数；

$b_j$——振幅，利用阶跃函数模拟振幅为 $b_j$ 的偏移；

$\omega_i$——角速度。

为了计算年及半年周期振幅，假设参数 $s_i$、$c_i$，计算两者的平均不确定度，$a_k$ 为 $nL$ 多项式系数。

**2. 北斗/GNSS 坐标时序站速度建模**

已有研究表明，GNSS 测站速度及其不确定度估计依赖于其假设的噪声模型，Bos 假设测站速度用线性回归法拟合估计，噪声模型对测站速度的准确估计可表示为：

$$m_v \approx \pm \sqrt{\frac{A_{PL}^2}{\Delta T^{2-\frac{\kappa}{2}}} \cdot \frac{\tau(3-\kappa) \cdot \tau(4-\kappa) \cdot (N-1)^{\kappa-3}}{[\tau(2-\frac{\kappa}{2})]^2}} \qquad (3-73)$$

式中：

$N$——观测值序列长度；

$\kappa$——估计谱指数；

$\Delta T$——采样率；

$A_{PL}$——噪声振幅；

$\tau$——伽马函数。

### 3.6.2　ETS 对北斗/GNSS 坐标时序噪声模型可靠性分析

#### 1. ETS 对噪声模型估计影响分析

本研究以全球 20 个连续运行的北斗/GNSS 基准站为研究对象，选择组合噪声模型 FN+WN、PL+WN、GGM+WN 及 FN+RW+WN+WN 噪声模型，分析间歇性震颤与滑移纠正前后北斗/GNSS 站噪声模型变化，N 分量、E 分量及 U 分量间歇性震颤与滑移纠正前后噪声模型估计结果(间歇性震颤与滑移参数 30 d)变化见表 3-11。

表 3-11　不同分量间歇性震颤与滑移纠正前后模型变化

| 测站 | N | | E | | U | |
|---|---|---|---|---|---|---|
| | 纠正前 | 纠正后 | 纠正前 | 纠正后 | 纠正前 | 纠正后 |
| ALBH | FN+RW+WN | FN+WN | FN+RW+WN | FN+RW+WN | GGM+WN | GGM+WN |
| BCOV | FN+WN | FN+WN | FN+WN | PL+WN | GGM+WN | GGM+WN |
| DDSN | FN+WN | FN+WN | FN+RW+WN | FN+WN | FN+WN | FN+WN |
| ELIZ | FN+RW+WN | FN+WN | FN+RW+WN | FN+WN | PL+WN | PL+WN |
| GOBS | FN+RW+WN | FN+WN | FN+WN | FN+WN | GGM+WN | GGM+WN |
| KTBW | FN+WN | FN+WN | FN+RW+WN | FN+WN | PL+WN | FN+WN |
| LKCP | FN+WN | FN+WN | FN+RW+WN | FN+RW+WN | GGM+WN | GGM+WN |
| NANO | FN+RW+WN | FN+WN | FN+RW+WN | FN+RW+WN | GGM+WN | GGM+WN |
| NEAH | FN+WN | GGM+WN | FN+WN | PL+WN | GGM+WN | GGM+WN |
| P418 | FN+RW+WN | FN+RW+WN | FN+RW+WN | FN+WN | FN+WN | GGM+WN |
| P437 | FN+WN | FN+WN | FN+RW+WN | FN+RW+WN | GGM+WN | GGM+WN |
| P439 | FN+RW+WN | FN+RW+WN | FN+RW+WN | FN+RW+WN | GGM+WN | GGM+WN |
| PABH | FN+WN | FN+WN | PL+WN | FN+WN | GGM+WN | GGM+WN |
| PCOL | PL+WN | GGM+WN | PL+WN | PL+WN | FN+WN | GGM+WN |
| PGC5 | FN+RW+WN | FN+WN | FN+RW+WN | FN+RW+WN | GGM+WN | GGM+WN |
| SC03 | FN+WN | PL+WN | PL+WN | FN+RW+WN | FN+WN | FN+WN |
| SC04 | FN+RW+WN | FN+WN | FN+RW+WN | FN+RW+WN | PL+WN | PL+WN |

续表3-11

| 测站 | N | | E | | U | |
|---|---|---|---|---|---|---|
| | 纠正前 | 纠正后 | 纠正前 | 纠正后 | 纠正前 | 纠正后 |
| SEAT | FN+WN | FN+WN | FN+RW+WN | FN+RW+WN | FN+WN | GGM+WN |
| SEDR | FN+WN | FN+WN | FN+RW+WN | FN+WN | GGM+WN | GGM+WN |
| YBHB | FN+WN | FN+WN | FN+WN | FN+WN | PL+WN | PL+WN |

由表 3-11 可知，ETS 对噪声模型估计结果影响较大。N 分量上，ALBH、ELIZ、GOBS、NANO、PGC5、SC04 等测站噪声模型为 FN+RW+WN，间歇性震颤与滑移纠正后站坐标序列变为 FN+WN 噪声模型特性，说明 ETS 引起测站模型选择 RW 作为最优模型，导致模型的错误估计。经统计，N 分量上 50% 的北斗/GNSS 测站坐标序列噪声模型发生了变化；E 分量上，BCOV、NEAH 测站坐标序列噪声模型由 FN+WN 变为 PL+WN 噪声模型，25% 的测站坐标序列噪声模型由 FN+RW+WN 变为 FN+WN 噪声模型，45% 的北斗/GNSS 测站坐标序列噪声模型发生了变化；U 分量上，P418、PCOL、SEAT 测站坐标序列噪声模型为 FN+WN 噪声模型，间歇性震颤与滑移纠正后变为 GGM+WN 噪声模型，2% 的北斗/GNSS 站坐标序列噪声模型发生了变化。综上可知，ETS 引起北斗/GNSS 测站坐标序列模型变化且可造成噪声模型的错误估计，并在 N 分量与 E 分量上影响更为明显。

**2. ETS 对测站速度及其不确定度影响分析**

为进一步探究 ETS 对北斗/GNSS 测站坐标序列影响，选择间歇性震颤与滑移参数为 100 d，分析 ETS 对北斗/GNSS 测站速度及速度不确定度的影响。图 3-4、图 3-5 为 ETS 对北斗/GNSS 测站速度及速度不确定度变化规律曲线图。

由图 3-4 可知，N 分量与 E 分量不同噪声模型下测站速度差值曲线相似，大部分测站速度演化规律一致，间歇性震颤与滑移纠正前后速度差值较小，其中最大测站速度差值为 2.86 mm/y，最小站速度差值为 0.01 mm/y。U 分量间歇性震颤与滑移纠正前后测站速度差值较大，最大差值约为 5.15 mm/y，其中，BCOV、ELIZ、LKCP、NEAH、P418、SC03 测站间歇性震颤与滑移纠正后测站速度差值略有减小，但 U 分量速度差值均值绝对值约为 3.33 mm/y，统计约 45% 的北斗/GNSS 测站间歇性震颤与滑移纠正后测站速度增大，说明 U 分量上间歇性震颤与滑移对北斗/GNSS 测站速度影响较为明显。

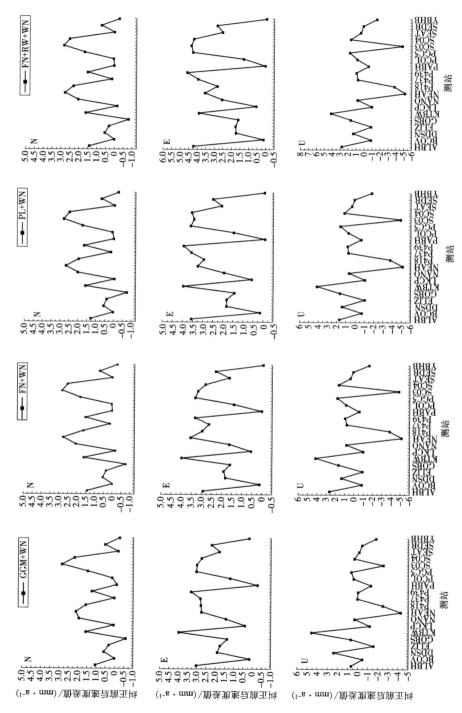

图3-4 北斗/GNSS测站速度差值演化规律

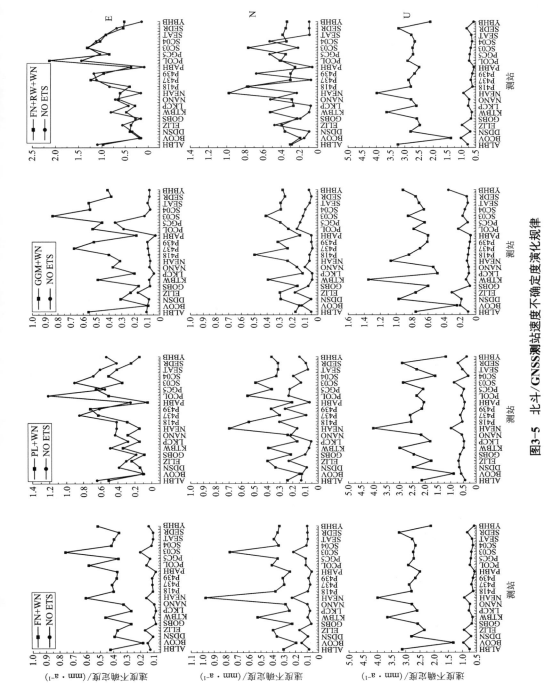

图3-5　北斗/GNSS测站速度不确定度演化规律

由图 3-5 可知，E 分量 PL+WN 与 FN+RW+WN 噪声模型间歇性震颤与滑移纠正前后变化曲线差异较大，其中北斗/GNSS 测站如 BCOV、NEAH、PCOL、SC03、YBHB、SEAT 等测站纠正前后模型发生了变化，部分测站噪声模型特性由 FN+WN 变为 PL+WN，部分由 PL+WN 噪声模型特性变为 FN+RW+WN，这种变化可能导致测站速度不确定度的不稳定。FN+WN 与 GGM+WN 噪声模型间歇性震颤与滑移纠正前后，绝大部分变化曲线规律一致，且 FN+WN 与 GGM+WN 噪声模型纠正后测站速度不确定度值较大；N 分量 FN+WN、PL+WN 与 GGM+WN 三种组合噪声模型间歇性震颤与滑移纠正前后测站速度不确定度变化规律一致，FN+RW+WN 噪声模型纠正前后测站速度不确定度与 E 方向变化相似，其中 ELIZ、NANO、P439、PGC5、SC04 测站速度不确定度纠正前比纠正后增大，出现这种变化可能的原因是测站 ELIZ 于 2002 年、2004 年、2011 年及 2014 年 N 分量发生较大位移，最大为 11.217 mm，NANO 测站于 2003 年、2009 年及 2011 年 N 分量位移约为 6.145 mm，P439、PGC5 及 SC04 测站等均在 2011 年 N 分量发生位移，部分测站噪声模型特性由 FN+WN 变为 FN+RW+WN 噪声模型特性，说明随机游走噪声成为测站速度不确定度发生变化不可忽略的因素之一；U 分量测站速度不确定度变化特征规律曲线一致，间歇性震颤与滑移纠正后的测站速度不确定度比纠正前测站速度不确定度均大。综上所述可得，间歇性震颤与滑移对测站速度不确定度影响较大，因此在准确估计测站速度不确定度时必须考虑间歇性震颤与滑移因素，否则可能导致过高估计测站速度不确定度。

### 3.6.3　间歇性震颤与滑移参数对噪声模型估计影响

ETS 对测站速度及其不确定度的分析，以间歇性震颤与滑移参数 100 d 为研究对象，为了准确探讨间歇性震颤与滑移参数对噪声模型的影响，分别取间歇性震颤与滑移参数为 30 d、80 d、100 d 及 130 d，间歇性震颤与滑移参数变化引起测站坐标时间序列组合噪声模型发生变化。当参数为 30 d 且增加时，SC03 及 YBHB 测站坐标序列噪声模型 PL+WN 变为 FN+WN，根据 SOPAC 的观测日志资料，SC03 与 YBHB 站 2011 年 107 年积日下垂分量分别发生了 6.357 mm 与 8.319 mm 的位移，测站受地震运动的影响，使得其测站坐标序列噪声模型随之发生了变化。当间歇性震颤与滑移参数增加为 100 d 时，E、N、U 三分量的噪声模型趋于稳定，主要表现为 FN+WN 模型(约 85%)、GGM+WN 模型(约 75%)及 FN+RW+WN 模型。此外，随着歇性震颤与滑移参数的增加，随机游走噪声模型(FN+RW+WN)的比重有所增加，在参数为 30 d 时，仅有 1 个测站表现为 FN+RW+

WN 模型,当歇性震颤与滑移参数为 100 d 时,有 8 个测站表现为最优噪声模型为 FN+RW+WN,表明随着歇性震颤与滑移参数的增加,北斗/GNSS 测站坐标序列中噪声的长周期分量(如随机游走噪声)变得显著。

　　为进一步探讨间歇性震颤与滑移参数的影响,分析参数为 30 d、80 d、100 d 及 130 d 的测站速度变化规律,不同参数条件下 N、E 与 U 三分量测站速度变化如图 3-6 所示。

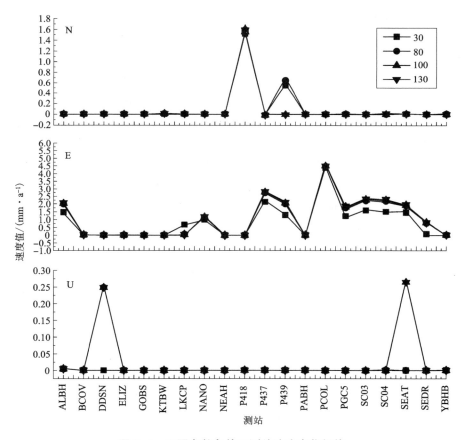

图 3-6　不同参数条件下测站速度变化规律

　　由图 3-7 可知,N 分量约 90% 的北斗/GNSS 测站速度估计趋于稳定,其中 P418 测站速度估计偏大,P439 测站随间歇性震颤与滑移参数的增大速度估计减小,两测站均在2011年107年积日下东方向发生了约6.2 mm的位移;E分量各测站速度随间歇性震颤与滑移参数的增加,测站速度变化相对稳定;U分量约90%的测站速度估计较小,趋于0,其中DDSN测站与SEAT测站变化较大,经查SOPAC的观测日志资料,DDSN测站于2008年、2011年均发生了不同程度的Offset(同震形变引起),SEAT测站于1998年、2001年、2011年均发生9~12 mm的位移,两测站受地震运动的影响,速度变化较大。综上表明,随着间歇性震颤与滑移参数增加(80~130 d),绝大部分测站速度估计值趋于稳健。

本研究以连续运行的20个北斗/GNSS测站坐标时间序列为研究对象,选择四种组合噪声模型,探讨ETS对北斗/GNSS测站坐标时间序列影响分析,表明ETS引起北斗/GNSS测站坐标序列模型变化且可造成噪声模型的错误估计,并在N分量与E分量上影响更为明显(N分量与E分量上测站坐标时间序列噪声模型发生变化的北斗/GNSS测站分别占50%、45%)。间歇性震颤与滑移对测站速度及其不确定度影响较大,U分量约45%的北斗/GNSS测站间歇性震颤与滑移纠正后测站速度增大,且间歇性震颤与滑移纠正后的测站速度不确定度比纠正前测站速度不确定度均大,因此在准确估计测站速度及其不确定度时,必须考虑间歇性震颤与滑移因素,否则可能导致过高估计测站速度及其不确定度。随间歇性震颤与滑移参数的增加,E、N、U三分量的噪声模型趋于稳定,主要表现为FN+WN模型(约85%)、GGM+WN模型(约75%)及FN+RW+WN模型。此外,随着歇性震颤与滑移参数的增加,随机游走噪声模型(FN+RW+WN)的比重增大。

# 第 4 章

# 地球物理约束下水库大坝位移智能监测技术

## ▶ 4.1　当前水库大坝智能监测存在的问题

据国务院《水库大坝安全管理条例》及水利水电工程安全监测技术规范等要求，在水库大坝的运营管理中必须开展安全监测。为了保证大坝的安全运行，智能监测和预警系统已经被广泛应用于大坝的安全管理中。智能监测和预警系统可提供水库大坝实时数据，避免或减轻潜在的危害，但智能监测系统仍然存在一些问题：

①大坝智能监测系统的可靠性和准确性有待提高。

②现有的大坝预警方法缺乏综合性。

③大坝智能监测系统的覆盖范围有限。智能监测系统需要大量传感器来实时监测大坝的状态，但传感器的安装和维护成本较高，而且传感器的覆盖范围有限。

④大坝预警系统的决策机制不够完善。虽然大坝智能监测和预警系统已经取得了很大的进展，现代传感器可以采集大坝的温度、应力、位移等数据，但是这些传感器会受到环境因素的干扰，造成误报或漏报。

## ▶ 4.2　顾及地球物理因素的水库大坝智能监测方法现状

各项地球物理因素观测系统的成熟发展，为基于多源数据的北斗/GNSS 研究提供了数据保障。北斗/GNSS 高精度定位在建筑安全监测方面具有很大的优势，水库大坝监测与预警设备和监测数据随着监测范围的扩大而越来越庞大，使用传统的测量技术进行高精度大坝变形监测存在诸多限制，而高精度 GNSS 技术有效地弥补了这些不足。尤其是 GNSS 基准站在防治坝体稳定性、监测慢滑移和蠕动等微小变形中展现了较大的优越性，GNSS 大坝变形数据时间序列具有明显的多尺度特征且为非平稳时间序列。刘思敏等通过经验模态分解 EMD 与径向基函数 RBF 神经网络方法研究大坝非线性周期信号变化的内在规律，表明径向基函数神经网络（radical basis function，RBF）方法精度可提升 50% 以上且泛化能力强。王新洲等认为可将大坝在不同时段的位移数据作为一时间序列，通过本身数据时间进行形变预测。郑旭东、李桥等通过集合经验模态分解（ensemble empirical mode decomposition，EEMD）等提高预测方法，但分解的分量个数随机、可能分解层数偏大易导致数据泄露。Huang 等提出了自适应 EMD 方法，分析 20 世纪 90 年代的非线性和非平稳过程。陈竹安等结合 VMD 和 LSTM 预测模型对水库大坝进行形变预测，累加各模态分量的预测值完成重构，通过试凑法确定分割窗口长度，但选择的序列较短。Zang 等通过不同深度学习混合模型对美国得克萨斯州太阳辐照度进行预测，证实了卷积神经网络（convolutional neural networks，CNN）的 CNN-LSTM 混合模型具有更高预测精度。Majumder 等通过将 VMD 与 ELM 算法进行融合，对印度地区太阳辐照度进行预测，证实该混合模型相较于原始模型具有较大幅度精度提升。EMD 方法基于时间序列的局部性质，适应性地、有效地将时间序列分解为具有不同频带的稳态本模函数和残差，EMD 的有效性已经在非线性和非平稳过程的分析中得到了广泛的应用证明，但 EMD 的应用过程中仍存在一些局限性，如模式混合问题。LSTM 能够有效地解决循环神经网络中间隔较长的预测时间序列，涌现出新颖的时间序列预测框架处理时间序列预测问题。李威等顾及 GNSS 高程时间序列非线性与非平稳的特点，基于 Prophet 和随机森林算法构建了组合预测模型，使用 RF 模型拟合原始数据可以避免过拟合的发生并可以对非线性部分进行修正，然后再使用 Prophet 模型进行预测，能够充分发挥模型优势，从而提高预测精度。Tao 等在深入研究 Prophet 预测模型和经验小波变换的基础上，针对 Prophet 算法分解趋势项效果不佳的问题，提出了一种基于 EWT 算法改进的 Prophet 预测方法，改进后的模型能更好地提取原始时间序列的趋势，且改进后的模型具有较好的短期预测效果和较好的适用性。Wang 等通过分析长短期记忆神经网络对结构化时间序列预测的潜力，将多尺度滑动窗口与 LSTM 相结合，提出了一种新颖的预测框架，实验将 MSSW 应用于数据预处理，有效提取不同尺度的特征关系，同时挖掘数据集的深层特征，然后，使用多个 LSTM 神经网络进行预测。Gao 等考虑了 GNSS 高程时间序列和多种地球物理因素(极地运动、温度、大气压强等)之间的潜在联系,分别通过梯度提升决策树(gradient boosting decision tree,GBDT)、SVM 和 LSTM 算法建模,并与最小二乘拟合方法对比,验证了机器学习算法在 GNSS 坐标时间序列建模和预测方面的良好性能和有效性。从上述研究可以看出,运用机器学习算法进行 GNSS 坐标时间序列预测建模研究取得了诸多成果,但仍有一些关键问题没有学者涉猎或者没有被很好地解决,如以时间为特征分解时间序列进行预测的预测模式需要较长时间跨度的训练集,且对高频信号的提取能力欠佳;以信号分解算法分解时序进行预测的预测模式容易出现单分量中含有多频信号的情况并影响预测;以深度学习算法为基础进行预测的预测模式在模型训练时需要耗费较长的时间,且需要足够的经验和先验知识才能使参数得以优化。

针对项目特点,综合考虑北斗/GNSS 基准站点位移受到多源地球物理效应的影响,顾及地球物理因素可以有效地丰富特征集的构成,建立更加完善的机器学习模型对水库大坝进行综合评估和预警。本研究构建了大坝位移形变智能预测模型,融合了 VMD 和 XGBoost 算法,顾及了噪声影响的时序预测 MEMD-XGBoost、Prophet 方法进行多尺度分析,针对变形监测数据的非平稳、非线性问题,通过改进 MVMDLSTM 法对位移形变监测数据进行预测,最终建立多尺度变形预测模型,可提高水库位移形变预测精度及计算结果的可靠性,为建立科学的水库大坝预测与预警决策模型、加强系统管理及运营数据提供科学有效的解决方法。

## 4.3　地球物理约束下水库大坝位移精密建模方法

为满足水库大坝智能监测数据的可靠性和准确性要求,传统的 EMD、LSTM 方法已不能满足对大坝位移形变时序的精准监测,此外,水库大坝 GNSS 监测站点的位移与地球物理因素有关,使用相关地球物理因素构造特征时,机器学习算法通过学习数据间的潜在关系构建回归模型。本研究设计指标可描述地球物理因素之间的关系,实现地球物理效应的综合评价和大坝智能监测与预警方法建模,具体内容包括:①针对不同地球物理因素对 GNSS 监测站点位移影响不同,建模过程中尝试不同的物理因素组合方式,对比模型学习过程中的拟合信息及特征评价信息进行特征提取研究,达到优化特征集组成和特征权重的目的。②通过机器学习建模过程中生成的特征重要性评分建立地球物理因素综合评价指标,分析不同地球物理效应对 GNSS 监测站点位移的瞬态影响。③通过对比数据优化前后的建模效果,验证通过融合机器学习算法的加权叠加滤波模型优化后的数据质量,从而实现高精度大坝智能监测及预警方法建模。

### 4.3.1　vbICA-XGBoost 方法建模

GNSS 坐标时间序列中的信号分离可以被描述为一个盲源分离问题,因此,有必要使用一种高精度的盲源分离技术精确分离出 GNSS 坐标时间序列中的真实构造形变及各种地球物理效应引起的非构造形变信号。非构造形变信号主要由水文负荷、大气负荷、非潮汐海洋负荷、观测墩的热膨胀效应及 GNSS 解算的系统误差等因素引起。变分贝叶斯独立分量分析模型分离的非构造形变信号在很大程度上能够代表各种地球物理效应引起的真实非构造形变。

vbICA 模型分离的非构造形变能够探测到大气、水文等地表流体质量,重新分布与迁移会引起的地表质量负荷在不同时间尺度上的地表变形。分析分离的非构造形变,可以进一步更好地了解地表流体质量的重新分布与迁移引起的季节性变化,同时判断测站的运动趋势,对非构造形变的准确预测是一项非常有价值的工作。由于非构造形变是一种非平稳非线性的一维时间序列,统计学、非线性理论及机器学习方法预测的稳定性和精度都有待提高。因此,本研究基于高精度的深度学习模型对分离的非构造形变进行预测。

LSTM 模型在训练中可以记忆输入数据的序列特征,然后在预测时利用记忆影响输出,LSTM 模型对时间序列具有强辨别力和融合学习能力,能够学习相关数据间潜在的复杂非线性关系,特别适合非平稳非线性时间序列数据的建模预测。对分离的非构造形变进行归一化处理,然后分别建立包括输入层、隐藏层和输出层的单步和多步 LSTM 预测模型。以分离的非构造形变作为输入的单变量 LSTM 模型仅能根据时序变化做出相应的预测,无法考虑相关变量的影响。由于分离的非构造形变是由水文负荷、大气负荷、非潮汐海洋负荷、观测墩的热膨胀效应等因素引起的,本研究探索引入可并行输入多变量的 LSTM 模型对分离的非构造形变进行建模预测,以气象数据(气温、气压、露点、风向风速、云量、降水量)和 GNSS 连续站的位置信息(经度、纬度、高程)作为模型的输入变量、分离的非构造形变作为输出变量来建立多变量 LSTM 预测模型。

基于盲源分离技术的 GNSS 坐标时间序列信号分离研究,首先对中国陆态网络260 个连续站 10 多年的 GNSS 坐标时间序列进行粗差剔除、阶跃改正、缺失数据插值等预处理,再使用 VBICA 模型对预处理后的 GNSS 坐标时间序列进行分离。

假设由 $N$ 个 GNSS 连续站组成的区域网络,预处理后的 GNSS 坐标时间序列包含 N、E、U 三个分量,$M$ 为时间序列总数,$T$ 为记录的总历元数,则 GNSS 连续站对应的数据矩阵为:

$$X_{M \times T} = \begin{pmatrix} x_{11} & \cdots & x_{1T} \\ \vdots & \ddots & \vdots \\ x_{M1} & \cdots & x_{MT} \end{pmatrix} \qquad (4-1)$$

GNSS 坐标时间序列数据由几个源信号(构造形变,各种地球物理效应引起的非构造形变等)线性组合得到,即

$$X_{M \times T} = A_{M \times L} S_{L \times T} + \varepsilon \qquad (4-2)$$

式中:

　　$A$——混合矩阵;

　　$S$——源矩阵;

　　$N$——噪声矩阵。

在贝叶斯网络中贝叶斯推论用来计算未知参数的后验概率分布,而独立成分分析(independent component analysis, ICA)模型则是在目标函数指导下对模型隐藏变量(源信号)进行学习。因此,二者在贝叶斯框架下是一致的。源信号是相互独立的,源矩阵 $S$ 的概率分布函数可以写成:

$$p(S_1, \cdots, S_L) = \prod_{i=1}^{L} p(S_i) \qquad (4-3)$$

理论上可以通过 ICA 模型计算隐藏变量的后验概率来实现源矩阵,即可以用式(4-4)实现。

$$p(S \mid X, M) = \frac{p(X \mid S, M)p(S \mid M)}{p(X \mid M)} \qquad (4-4)$$

式中:

　　$M$——所选择的某一具体模型;

　　$p(S \mid M)$——信号源模型;

　　$p(X \mid M)$——规范因子,通常称为模型 $M$ 的边际概率。

假设模型 $M$ 中所有未知参数都用向量 $W = \{\varepsilon, A, S, q, \theta\}$ 来表示(其中,$\varepsilon$、$A$、$S$、$q$、$\theta$ 分别为模型背景噪声、混合矩阵、模拟信源、混合高斯分量、模型参数),在已知观测信号 $X$ 的前提下,参数 $W$ 的后验概率为:

$$p(W \mid X, M) = \frac{p(X \mid W, M)p(W \mid M)}{p(X \mid M)} \qquad (4-5)$$

其中,

$$p(X \mid M) = \int p(X \mid W, M)p(W \mid M)\,\mathrm{d}W$$

将式(4-5)转为对模型负变自由能 $F$ 的计算:

$$F[X] = \langle \ln(p(X, W)) \rangle_{p'(W)} + H[X] \tag{4-6}$$

式中：

$p'(W)$——后验概率 $p(W|X, M)$ 的近似估计。

可以用因子分解形式表示：

$$p'(W) = \prod_i p'(W_i|M) \tag{4-7}$$

Miskin 证明估计后验概率 $p'(W)$ 最接近真实后验概率 $p(X|M)$ 时，$F[X]$ 就达到极值，然后分别求 $p'(W)$ 对各参数的偏导数，可得到模型 $M$ 中未知参数的估计值，进一步估计出 GNSS 坐标时间序列中的各源信号。

通过最小二乘拟合法[式(4-8)]分别计算 VBICA 模型分离的非构造形变信号的周年振幅和相位。对分离的非构造形变信号和真实的地球物理效应引起的非构造形变的周年振幅和相位进行对比。

$$y(t_i) = a + bt_i + c\sin(2\pi t_i) + d\cos(2\pi t_i) +$$
$$e\sin(4\pi t_i) + f\cos(4\pi t_i) +$$
$$\sum_{j=1}^{n_g} g_j H(t_i - T_{g_j}) + v_i \tag{4-8}$$

式中：

$t_i$——表示以年为单位；

$a$ 和 $b$——GNSS 连续站初始位置和线性运动速率；

$c$、$d$ 和 $e$、$f$——周年和半周年的运动振幅；

$g_j$——更换仪器或者地震等因素造成的阶跃位移；

$H(t_i - T_{g_j})$——阶跃函数；

$v_i$——原始观测值与拟合值的残差。

为了进一步定量评估 vBICA 模型分离信号的精度，计算所有连续站分离的非构造形变信号与真实地球物理效应引起的非构造形变的 Lin 一致性相关系数，最后通过对比周年振幅、相位及一致性相关系数来判断 vBICA 模型是否精确分离出各种非构造形变信号及与真实地球物理效应引起的非构造形变独立性。

XGBoost 是一个开源机器学习项目。该算法在水文时间序列预测、环境质量指标预测和网络异常入侵检测等研究有着较好的应用，但在 GNSS 坐标时间序列相关研究未见报道。

XGBoost 属于集成学习中的 Boosting 分支，其每一次的计算都是为了减少上一次的残差，进而在负梯度方向上建立一个新的树模型，即前面决策树的训练和预测效果会影响建立下一棵树模型的样本输入。

与同属于树模型算法的 GBDT 算法相比，XGBoost 算法更为高效，并且在算法上也进行了改进。XGBoost 使用了二阶的泰勒展开式逼近目标函数的泛化误差部分，简化了目标函数的计算；XGBoost 通过在目标函数中加入正则项降低模型预测的波动性及改善模型过拟合现象。XGBoost 算法具体流程如下：

　　假设有一个数据集 $A = \{(x_i, y_i): i = 1, \cdots, n, x_i \in \mathbb{R}^m, y_i \in \mathbb{R}\}$，其中含有 $n$ 个观测值，每个观测值有 $m$ 个特征和一个对应的变量 $y$。定义一个值 $\hat{y}_i$，并通过广义模型表示为：

$$\hat{y}_i = \varphi(x_i) = \sum_{K=1}^{K} f_k(x_i) \tag{4-9}$$

式中：

　　$f_k$——一棵决策树；

　　$f_k(x_i)$——第 $k$ 棵树赋予第 $i$ 个观测值的分数。

　　同时，使用函数 $f_k$ 时，下述的正则化目标函数应该被最小化为：

$$L(\varphi) = \sum_i l(y_i, \hat{y}_i) + \sum_k \Omega(f_k) \tag{4-10}$$

式中：

　　$l$——损失函数。

　　为了防止模型过于复杂，模型将惩罚项 $\Omega$ 设置为：

$$\Omega(f_k) = \gamma T + \frac{1}{2}\lambda \parallel w \parallel^2 \tag{4-11}$$

式中：

　　$\gamma$——控制惩罚项中枝叶数量 $T$ 的参数；

　　$\lambda$——控制惩罚项中枝叶重量 $w$ 的参数。

　　设置 $\Omega(f_k)$ 项不仅可以简化算法生成的模型，还可以防止模型过于拟合。

　　XGBoost 算法采用迭代法最小化目标函数。模型通过增加 $f_j$ 项在第 $j$ 次迭代得到减小的目标函数为：

$$L^j = \sum_{i=1}^{n} l(y_i, \hat{y}_i^{(j-1)} + f_j(x_i)) + \Omega(f_j) \tag{4-12}$$

　　公式(4-12)可以通过泰勒展开进行简化，并且可以推导出树给定节点分裂后的损失减少公式。

$$L_{\text{split}} = \frac{1}{2}\left[\frac{(\sum_{i \in I_L} g_i)^2}{\sum_{i \in I_L} h_i + \lambda} + \frac{(\sum_{i \in I_R} g_i)^2}{\sum_{i \in I_R} h_i + \lambda} - \frac{(\sum_{i \in I} g_i)^2}{\sum_{i \in I} h_i + \lambda}\right] - \gamma \tag{4-13}$$

式中：

$I$——当前节点中可用观测数据的一个子集；

$I_L$ 和 $I_R$——分裂后左右节点中可用观测数据的一个子集。

函数 $g_i$ 和 $h_i$ 通过下述公式定义为：

$$g_i = \partial_{\hat{y}_i^{(j-1)}} l(y_i, \hat{y}_i^{(j-1)})\qquad\qquad(4-14)$$

$$h_i = \partial^2_{\hat{y}_i^{(j-1)}} l(y_i, \hat{y}_i^{(j-1)})\qquad\qquad(4-15)$$

从推导 $L_{\text{split}}$ 的公式中找到任意给定节点的最佳分裂，这个函数只依赖于损失函数和正则化参数 $\gamma$。同时，XGBoost 算法可以优化任何损失函数，并且提供一阶和二阶梯度。

## 4.3.2　Prophet 预测模型建模

国际 GNSS 服务组织已累积了 20 多年的大地基础数据，这些积累数据有助于大地测量学和地球动力学的持续发展，也为北斗/GNSS 坐标时间序列的研究与分析提供了重要数据来源。随着 GNSS 技术的不断发展和完善，GNSS 坐标时间序列的精准预测，对建筑物变形监测、地壳板块运动、大地气象等研究领域都有着重要意义。国内外现有的研究指出，GNSS 坐标时间序列在 N、E、U 三个方向上都有比较明显的趋势性和周期性变化，特别是在 U 方向上呈现出非常明显的周期性变化，实际上，北斗/GNSS 坐标时间序列叠加了各类"信号"与"噪声"，且在 U 方向上的噪声模型较为复杂。部分学者已将灰度模型、传统自回归滑动平均模型、ARMA 模型、人工神经网络模型、深度学习引入时序信号预测之中，并取得了一定的研究成果，但此类预测方法仍都有各自的缺陷：灰度模型使用广泛但适用性较差；ARMA 模型需要滚动预测保持预测精度；人工神经网络模型存在预测过程不稳定、选取参数较为困难等问题。对此，建立一种自适应、高精度的高程时间序列预测模型较为困难。

针对原始时间序列含噪声且噪声模型丰富的特点，及在时序信号预测过程中易受高频噪声影响这一问题，本研究基于 Prophet 预测模型和经验模态分解 EMD，提出一种以 EMD 和连续均方误差 CMSE 理论重构规则相结合的降噪方法，即对原始时序信号进行降噪处理后，再对降噪信号进行分解预测的新方法，通过陆态网公布的多组不同跨度的实测信号数据验证本研究组合预测方法的有效性和适用性。

Taylor 等提出 Prophet 模型的同时并发布同源的开源软件包，以促进算法的应用与实现。截至目前，Prophet 模型已经在电力系统、市场流量、经济金融、环境保护等领域有了广泛的应用，并已经取得较好的应用效果。Prophet 采用广义加法模型来拟合平滑和预测函数，其分解框架为：

$$y(t) = g(t) + s(t) + h(t) + \varepsilon_t \tag{4-16}$$

Prophet 模型将原始时间序列信号自适应分解为 4 个部分: 模拟原始序列趋势项 $g(t)$、周期项 $s(t)$、特殊突变项 $h(t)$ 和噪声项 $\varepsilon_t$。分解的趋势项为 $g(t)$, 表示时间序列非线性增长的(非周期)部分的变化函数。因在高程时间序列中原始信号非线性且复杂, 趋势项一般采用逻辑回归函数表示:

$$g(t) = \frac{c}{1 + e^{[-k(t-m)]}} \tag{4-17}$$

式中:

$k$——增长率;

$m$——位移量;

$c$——趋势值上限值。

随着时间 $t$ 的增加, $g(t)$ 趋于 $c$。分解的周期项 $s(t)$ 的拟合函数以时间序列的傅里叶级数进行构造, 如式(4-18)所示:

$$s(t) = \sum_{n=1}^{N} \left( a_n \cos\left(\frac{2\pi n t}{T}\right) + b_n \sin\left(\frac{2\pi n t}{T}\right) \right) \tag{4-18}$$

式中:

$T$——时间序列周期, 以周为周期时, $T = 7$, $N = 3$; 以年为周期时, $T = 365.25$, $N = 10$;

$2n$——模型中周期的期望个数。

$h(t)$ 通常为假日突变项, 但在 GNSS 坐标时间序列领域中, 不存在因假日或特殊日期引起的突变不规则影响, 故不考虑其对北斗/GNSS 时间坐标序列预测影响。

$\varepsilon_t$ 为噪声项, 且服从正态分布, 可表示为预测到的随机噪声或趋势。

EMD 分解的基本思想是将原始信号自适应分解为一系列频率由高至低的本征模函数(intrinsic mode function, IMF)分量和一个趋势项(残差项), 而实测北斗/GNSS 信号由低频真实信号与高频噪声信号叠加而成, 故在分解所产生的各分量中, 可将趋势项和邻近的低频 IMF 分量重构为降噪信号, 以达到削弱高频噪声的目的。对于如何在各分量中确定高低频分界分量这一问题, 本研究引入连续均方误差(mean squared error, MSE)确定高频分量与低频分量的噪声分界点, 连续均方误差公式如下所示:

$$C_{MSE}(x_p, x_{p+1}) = \frac{1}{N} \sum_{i=1}^{n} \left[ x_p(t_i) - x_{p+1}(t_i) \right]^2$$

$$= \frac{1}{N} \sum_{i=1}^{n} \left[ IMF_p(t_i) \right]^2 \tag{4-19}$$

式中：

　　$N$——信号长度；

　　$n$——IMF 分量的个数；

　　$x_p$——EMD 所分解产生的模态分量，$p=1$，2，$\cdots$，$n-1$。

　　同样，式（4-20）也表征了第 $p$ 阶 IMF 分量的能量密度，对于所求的连续 IMF 分量之间的均方误差，以全局 CMSE 最小值所对应的分量为最佳以重构估计信号界限。EMD 在进行分解时必须满足以下 2 个条件：①在原始时序信号中，极值点和过零点的数量最多相差 1 个；②在整个时序信号中，由局部极大值所构成的上包络线和局部极小值所构成的下包络线的平均值为 0。但在实际时序信号分解过程中，IMF 分量很难满足第二个分解条件，故设定各分量停止筛选的阈值公式为：

$$S_D = \sum_{t=0}^{N-1} \left[ \frac{(c_k(t)-c_{k-1}(t))^2}{c_k^2(t)} \right] \tag{4-20}$$

式中：

　　$c_k(t)$、$c_{k-1}(t)$——分量序列中相邻的序列信号；

　　$S_D$——停止筛选阈值，通常取 0.2~0.3。

　　简要 EMD 分解过程如下：

　　①识别计算原始时序信号的极大值、极小值点，计算上、下包络线的均值 $m_1$，用原始时序信号减去该均值，从而获取新的时序信号 $c_1(t)$；

　　②重复步骤①，直到满足阈值条件，得到各 IMF 分量；

　　③将原始时序信号减去第一个 IMF 分量，获取新的时序信号，然后重复步骤①与步骤②，当趋势项满足要求时停止，最终获取 $n$ 个 IMF 分量和一个趋势项分量 $\omega(t)$。

　　原始时序信号可表示为：

$$x_{(t)} = \sum_{k=1}^{n} \text{IMF}_k + \omega(t) \tag{4-21}$$

　　将原始时序信号分解后，根据 CMSE 理论确定噪声分界分量，取连续均方误差极小值为分界点，又因 GNSS 信号噪声模型丰富，故将分界分量也纳入噪声分量当中。分界后对低频分量及趋势项进行重构，得到降噪后的信号，可表示为：

$$x_{\varphi}(t) = \sum_{k=K+1}^{n} \text{IMF}_k + \omega(t) \tag{4-22}$$

式中：

　　$x_{\varphi}(t)$——降噪后信号；

　　$\text{IMF}_k$——分界分量。

图 4-1 为降噪 EMD-Prophet 组合方法流程图，图 4-2 为用于对比的 EMD-Prophet 分解预测流程图。

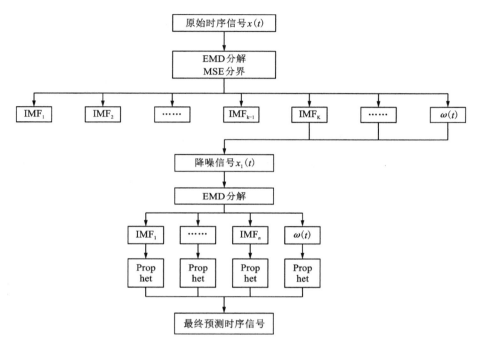

**图 4-1 降噪 EMD-Prophet 组合方法流程图**

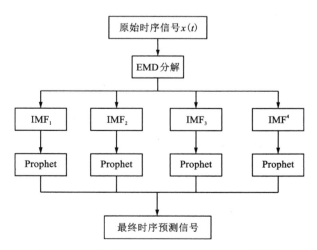

**图 4-2 用于对比的 EMD-Prophet 方法流程图**

本研究结合 EMD 自适应能力强、降噪效果好的特点，及 Prophet 对趋势项及周期项预测效果好、设置预测参数简易的优势，建立 EMD-Prophet 的降噪组合预测方法。其具体步骤为：

①利用 EMD 对原始时序信号 $x(t)$ 进行分解。

②以 CMSE 值为分量分界标准，重构低频信号分量和趋势项分量为降噪信号 $x_{\varphi}(t)$。

③对降噪信号 $x_{\varphi}(t)$ 进行 EMD 分解。

④对各分量进行 Prophet 预测，再重构为最终的预测信号。

为说明组合方法的降噪效果和预测有效性，利用降噪前后的信噪比（$R_{sn}$）变化和降噪后序列占原始序列的能量百分比（$E$）这 2 个参数评价降噪效果；利用均方根误差（RMSE）、平均百分比误差（MAPE）和残差绝对值均值作为参数评价预测精度。5 个参数的定义如下：

信噪比：

$$R_{sn} = 10 \times \lg \left( \frac{\sum_{n=0}^{N-1} S_n^2}{\sum_{n=0}^{N-1} (S_n - \overline{S}_n)^2} \right) \tag{4-23}$$

式中：

$S_n$——原始时间序列信号；

$\overline{S}_n$——降噪后信号；

$N$——时序信号长度。

若信噪比较高，说明降噪效果较好。

能量百分比：

$$E = \int_T |x(t)|^2 dt = \sum_{t-1}^{n} |x(t)|^2 \tag{4-24}$$

降噪后序列占原序列的能量百分比 $E_{sn}$ 为：

$$E_{sn} = E_0 / E \tag{4-25}$$

式中：

$E$——原始时序信号能量；

$E_0$——降噪后时序信号能量。

$E_{sn}$ 越大，说明降噪后和原始信号越接近。

均方根误差：

$$R_{\mathrm{MSE}} = \sqrt{\frac{1}{n}\sum_{i=1}^{n}(x_i - \hat{x}_i)^2} \qquad (4-26)$$

平均百分比误差：

$$M_{\mathrm{APE}} = \frac{100\%}{n}\sum_{i=1}^{n}\left|\frac{x_i - \hat{x}_i}{x_i}\right| \qquad (4-27)$$

式中：

$x$——实测值；

$\hat{x}$——预测值。

RMSE$\in(0, +\infty]$，当预测值与实测值完全吻合时等于 0，即完美模型；误差越大，该值越大。MAPE$\in(0, +\infty]$，MAPE 为 0% 表示完美模型，MAPE 大于 100% 表示劣质模型，其值越趋近于 0 则表示模型越好。

为直观反映组合模型各指标的提升效率，引入精度提升比率与残差绝对值均值来进行说明，提升率表达式为：

$$\delta = \left(\frac{R_A - R_B}{R_A}\right)\% \qquad (4-28)$$

或

$$\left(\frac{R_B - R_A}{R_A}\right)\% \qquad (4-29)$$

式中：

$\delta$——提升百分比值；

$R_A$——对比方法指标；

$R_B$——本研究方法指标，指标值与评价精度呈负相关使用式(4-28)，若呈正相关则使用式(4-29)。

残差绝对值均值：

$$\gamma = \frac{\sum_{i=1}^{n}|x_i - \hat{x}_i|}{n} \qquad (4-30)$$

式中：

$x$——实测值；

$\hat{x}$——预测值。

### 4.3.3　VMD-XGBoost 方法建模

近 30 年来，全球导航定位系统基准站不断积累的时间序列数据为大地测量和地球动力学研究提供了宝贵的数据基础。这些数据可以有效地反映由地球物理效应引起的长期变化趋势和非线性变化。所以，对 GNSS 坐标时间序列进行分析有助于监测地壳板块运动、大坝或桥梁变形监测、全球或区域坐标系维护等领域的发展。随着 GNSS 相关技术的发展，GNSS 数据已被可靠地应用于区域陆地运动的研究中，其中，GNSS 高程时间序列数据可以为研究人员进行区域垂直陆地运动分析提供有效的数据参考。因此，通过分析 GNSS 高程时间序列，可以预测连续时间点的高程，为判断运动趋势提供重要依据。

已有研究发现，GNSS 坐标时间序列中垂直方向上的噪声分量通常大于水平方向，且噪声组合模型更丰富。在目前 GNSS 坐标时间序列建模中，研究人员通常以趋势项、周期项和噪声解释 GNSS 坐标时间序列的构造成分。但是噪声不同于趋势项和周期项，其并不具有时间特征。因此，目前构建顾及噪声影响的高精度 GNSS 高程时间序列预测模型具有较大的困难。

随着 GNSS 坐标时间序列预测研究的深入，出现了基于信号分解模型对 GNSS 时间序列数据进行分解，然后对各分量逐一预测，最后等权相加得到预测结果的预测模式。该预测模式下的模型虽然可以有效地进行 GNSS 坐标时间序列预测研究，但依旧存在着需要解决的问题：①该预测模式存在两个误差来源，即分解时间序列造成的误差和预测存在的误差；②有限次分解后得到的子时间序列相加结果普遍小于原始时间序列，预测模型对不同子时间序列的预测结果误差可能存在两个方向误差，导致预测模型稳定性较差；③预测模型对分解后存在的数据尺度较小的子时间序列预测效果相对欠佳，导致预测模型精度下降。

随着人工智能技术的发展，机器学习算法愈加受到研究人员的青睐，越来越多强大的算法被应用于不同的领域。机器学习是一种可以通过手动输入特征进行时间序列预测的有效方法，其预测结果具有较强的解释性，并且机器学习算法对预测结构化数据表现突出，其中基于决策树的算法在时间序列数据预测领域表现更加优越。有学者提出的极端梯度提升算法在多个领域的目标检测和预测研究中得到了应用并取得了显著的效果。虽然 XGBoost 算法展现出强大的时间序列数据预测能力，但是 XGBoost 算法在提取非平稳时间序列特征方面能力欠佳。

基于上述问题，本研究提出一种融合变分模态分解 VMD 与 XGBoost 算法的水库大坝位移时间序列预测方法（variational mode decomposition-extreme gradient boosting，VMD-XGBoost）模型。首先，VMD-XGBoost 模型叠加由 VMD 模型分解得到的分量以得到重构信号，摒弃传统预测模型分部预测的模式，以消除分解时间序列带来的误差；其次，VMD-XGBoost 模型以重构信号作为特征，取代传统预测模型以时间作为特征的方法，达到削弱噪声对预测精度影响的目的；最后，以重构信号作为特征的预测模式在为 XGBoost 模型提供有效特征的前提下，弥补 XGBoost 算法提取非平稳时间序列特征能力欠佳的问题，提升 XGBoost 模型预测能力。

　　VMD 是一种时频分析算法，能够将信号一次性分解成多个单分量调幅调频信号，避免了迭代过程中遇到的端点效应和虚假分量问题。该算法可以有效处理非线性、非平稳的 GNSS 高程时间序列，但由于其对噪声敏感，处理存在噪声的 GNSS 高程时间序列时，可能出现模态混叠现象。VMD 的分解过程即变分问题的求解过程，在该算法中，本征模态函数被定义为一个有带宽限制的调幅调频函数，VMD 算法的功能便是通过构造并求解约束变分问题，将原始信号分解为指定个数的 IMF 分量。

　　假设将一个信号分解为 $K$ 个 IMF 分量，VMD 算法分解的具体流程如下：

　　①通过 Hilbert 变换，得到每个模态分量 $\mu_K(t)$ 的解析信号，进而得到其单边频谱为：

$$\left[\delta(t)+\frac{j}{\pi t}\right]\times\mu_K(t) \tag{4-31}$$

　　②对各模态解析信号预估一个中心频率 $e^{-j\omega_K t}$，将每个模态的频谱调制到相应的基频带：

$$\left[\left(\delta(t)+\frac{j}{\pi t}\right)\times\mu_K(t)\right]e^{-j\omega_K t} \tag{4-32}$$

　　③计算解调信号梯度平方 $L$ 的范数，估计出各模态信号带宽，受约束的变分问题为：

$$\min_{\{\mu_K\},\,\{\omega_K\}}\left\{\sum_K\left\|d_t\left[\left(\delta(t)+\frac{j}{\pi t}\right)\times\mu_K(t)\right]e^{-j\omega_K t}\right\|_2^2\right. \tag{4-33}$$

$$s,\,t,\,\sum_K\mu_K=f \tag{4-34}$$

式中：

　　$\{\mu_K\}$——代表分解得到的 $K$ 个 IMF 分量；

$\{\omega_K\}$——表示各模态对应的中心频率。

为了求解该约束性变分问题，引入二次惩罚因子 $\alpha$ 和拉格朗日乘法算子 $\lambda(t)$，将约束性变分问题变为非约束性变分问题。扩展的拉格朗日表达式为：

$$L(\{\mu_K\}, \{\omega_K\}, \lambda) = \alpha \sum_K \left\| \partial_t \left[ \left( \delta(t) + \frac{j}{\pi t} \right) \times \mu_K(t) \right] e^{-j\omega_K t} \right\|_2^2 +$$

$$\left\| f(t) - \sum_K \mu_K(t) \right\|_2^2 + \langle \lambda(t), f(t) - \sum_K \mu_K(t) \rangle \tag{4-35}$$

式中：

$\alpha$——二次惩罚因子；

$\lambda(t)$——拉格朗日乘法算子。

其中，$\alpha$ 可在高斯噪声存在的情况下保证信号的重构精度，通常采用拉格朗日算子使得约束条件保持严格性。利用乘法算子交替方向法解决以上无约束变分问题，通过交替更新 $\mu_K^{n+1}$、$\omega_K^{n+1}$ 和 $\lambda^{n+1}$ 寻求扩展拉格朗日表达式的"鞍点"。

VMD-XGBoost 模型通过使用 VMD 算法构造特征取代 XGBoost 算法提取特征的模块，从而将 VMD 算法和 XGBoost 算法进行融合。

GNSS 高程时间序列数据通常为一维时间序列数据，其具有统一的时间间隔。将 GNSS 高程数据按照时间顺序一维排列为：

$$X_1, X_2, X_3, \cdots, X_{n-1}, X_n \tag{4-36}$$

通过 VMD 算法将时间序列分解为 $K$ 个 IMF 分量，分解结果可表达为：

$$\begin{bmatrix} X_{1\mathrm{IMF}_1}, X_{2\mathrm{IMF}_1}, X_{3\mathrm{IMF}_1}, \cdots, X_{n\mathrm{IMF}_1} \\ X_{1\mathrm{IMF}_2}, X_{2\mathrm{IMF}_2}, X_{3\mathrm{IMF}_2}, \cdots, X_{n\mathrm{IMF}_2} \\ \cdots \\ X_{1\mathrm{IMF}_K}, X_{2\mathrm{IMF}_K}, X_{3\mathrm{IMF}_K}, \cdots, X_{n\mathrm{IMF}_K} \end{bmatrix} \tag{4-37}$$

式中：

$X_{n\mathrm{IMF}_K}$——表示 $X_n$ 在第 $K$ 个 IMF 分量中的值。

已有的分部预测模式中，研究人员将通过预测模型对各个分量时间序列进行预测，然后叠加得到预测结果，但由于时间序列没有被完全分解，导致预测结果存在二次误差。为了避免该情况发生，VMD-XGBoost 模型通过将各 IMF 分量叠加生成与原始时间序列高度相关的新时间序列，并通过设置 $m$ 个各不相同的 $K$ 值得到 $m$ 个新时间序列，$m$ 个新时间序列可整合为：

$$\begin{bmatrix} X_{1\text{VMD}_1}, & X_{1\text{VMD}_2}, & X_{1\text{VMD}_3}, & \cdots, & X_{1\text{VMD}_m} \\ X_{2\text{VMD}_1}, & X_{2\text{VMD}_2}, & X_{2\text{VMD}_3}, & \cdots, & X_{2\text{VMD}_m} \\ & & \cdots & & \\ X_{n\text{VMD}_1}, & X_{n\text{VMD}_2}, & X_{n\text{VMD}_3}, & \cdots, & X_{n\text{VMD}_m} \end{bmatrix} \qquad (4-38)$$

式中：

$X_{n\text{VMD}_m}$——表示当 $K=m$ 时 $X_n$ 由 VMD 算法分解后叠加所得到的值。

然后将整合的 $m$ 维时间序列加入原始时间序列生成一个 $(m+1)$ 维时间序列：

$$\begin{bmatrix} X_{1\text{VMD}_1}, & X_{1\text{VMD}_2}, & X_{1\text{VMD}_3}, & \cdots, & X_{1\text{VMD}_m}, & X_1 \\ X_{2\text{VMD}_1}, & X_{2\text{VMD}_2}, & X_{2\text{VMD}_3}, & \cdots, & X_{2\text{VMD}_m}, & X_2 \\ & & \cdots & & & \\ X_{n\text{VMD}_1}, & X_{n\text{VMD}_2}, & X_{n\text{VMD}_3}, & \cdots, & X_{n\text{VMD}_m}, & X_n \end{bmatrix} \qquad (4-39)$$

在 XGBoost 模型中，将生成的 $(m+1)$ 维时间序列中的前 $m$ 列时间序列数据作为特征取代 XGBoost 模型提取特征步骤；将最后一列时间序列数据即原始时间序列数据设置为目标序列进行预测，从而得到预测结果。

### 4.3.4　MVMDLSTM 大坝位移时序预测建模

据统计，我国建设的各类型的大坝包括水库大坝等已累计 10 万座，对水库大坝的监测类型包括表面位移、浸润线、库水位、雨量、最小干滩、内部位移、渗流等，精准预测水库监测站位移形变对确保洋河水库安全运营具有非常重要的意义。国际全球导航卫星系统 GNSS 大坝变形数据时间序列具有明显的多尺度特征且为非平稳时间序列，EMD 与径向基函数神经网络方法对研究大坝非线性周期信号变化的内在规律及径向基函数神经网络方法精度可提升 50% 以上且泛化能力。有学者认为，可将大坝在不同时段的位移数据作为一时间序列，通过本身数据时间进行形变预测。通过改进模态分解 EEMD 等提高预测方法，但分解的分量个数随机，可能分解层数偏大导致数据泄露。Huang 等提出了自适应 EMD 方法，分析 20 世纪 90 年代的非线性和非平稳过程。EMD 方法基于时间序列的局部性质，适应性地、有效地将时间序列分解为具有不同频带的稳态本模函数和残差，EMD 的有效性已经在非线性和非平稳过程的分析中得到了广泛的应用证明，但 EMD 的应用过程中仍存在一些局限性，如模式混合问题。LSTM 能够有效地解决循环神经网络中间隔较长的预测时间序列，但涌现出新颖的时间序列预测框架处理时间序列预测问题。陈竹安结合变分模态分解和长短时记忆神经网络 LSTM 的预测模型，累加各模态分量的预测值完成重构，通过试凑法确定分割窗口长度，但选择的序列较短。因此，为实现长时间序列的位移形变预测，本文提出一种改进的混合变分模态长短时神经网络（mixed variational mode decomposition long short-term memory，MVMDLSTM）模型预测方法，通过改进的 VMD，将位移序列分解重构为干净的序列，将其作为特征值带入 LSTM 进行预测，同时利用不同数据集不同组合模型方法，如人工神经网络（artificial neural network，ANN）的 VMDANN 模型验证 MVMDLSTM 模型预测的有效性与稳定性。

人工神经网络是对人脑神经网络的某种抽象、简化和模拟后建立的复杂网络结构，建立包含输入层、隐含层和输出层的神经网络结构是机器学习的主要工具之一，ANN 结构如图 4-3 所示。

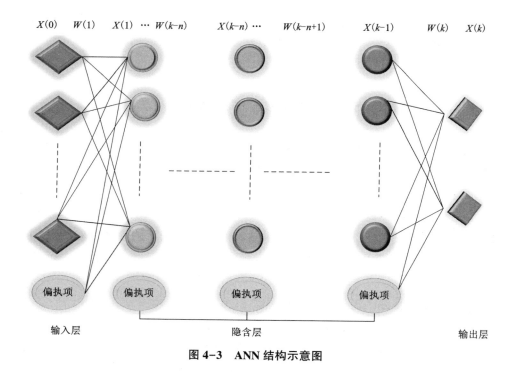

**图 4-3  ANN 结构示意图**

假设人工神经网络输入层、隐含层和输出层的维度分别为 $m_0$，$m_1$，$m_2$，

$\cdots$, $m_k$, 第 $n$ 个神经元接收前 $m$ 个神经元的输入信号, 在神经网络结构中输入层、隐含层和输出层的向量数学表达式为:

输入层: $X(0) = [X^1(0), X^2(0), \cdots, X^{m_0}(0)]^{\mathrm{T}}$

隐含层 1: $X(1) = [X^1(1), X^2(1), \cdots, X^{m_1}(1)]^{\mathrm{T}}$

$\cdots$

$$(4\text{-}40)$$

隐含层 $k\text{-}n$: $X(k\text{-}n) = [X^1(k\text{-}n), X^2(k\text{-}n), \cdots, X^{m_{k-n}}(k\text{-}n)]^{\mathrm{T}}$

$\cdots$

输出层: $X(k) = [X^1(k), X^2(k), \cdots, X^{m_k}(k)]^{\mathrm{T}}$

Jonathans 首次提出长短期记忆网络 LSTM 是一种改进的循环神经网络 (recurrent neural networks, RNN), 能够有效地解决循环神经网络中间隔较长的预测时间序列问题, 现未被应用于水库表面位移形变预测中, LSTM 结构示意图如图 4-4 所示。

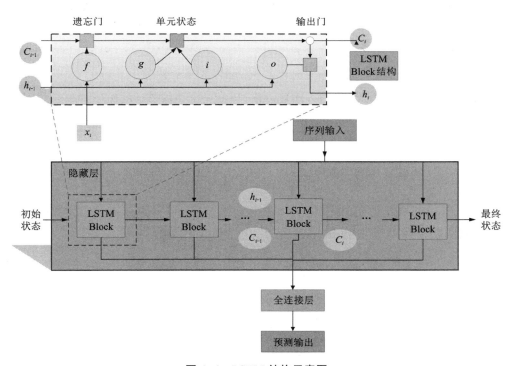

图 4-4　LSTM 结构示意图

时间序列到输入层开始，经过 LSTM 块到达全连接层，最后预测输出，$h_i$ 为隐藏状态，$c_i$ 为单元状态。单个 LSTM 块包括输入门 $i$、单元状态 $g$、遗忘门 $f$ 及输出门 $o$，其数学模型为：

$$
\begin{aligned}
i_t &= \sigma(W_i[x_t, \ h_{t-1}] + b_i) \\
f_t &= \sigma(W_f[x_t, \ h_{t-1}] + b_f) \\
g_t &= \tan h(W_g[x_t, \ h_{t-1}] + b_g) \\
o_t &= \sigma(W_o[x_t, \ h_{t-1}] + b_o)
\end{aligned}
\tag{4-41}
$$

式中：

$W$——各单元权重矩阵；

$[x_t, \ h_{t-1}]$——两个向构成的长向量；

$b$——偏置矩阵；

$\sigma$——sigmoid 函数。

水库位移时间序列是一组非线性的时间序列，如果从原始站时间序列直接进行预测，会引起较大误差，而 VMD 能更好、更有效地提取时间序列的特征值。为了降低水库位移时间序列的非线性变化，本研究融合 VMD 与 LSTM 模型建立预测精度较高的混合变分模态长短时神经网络 MVMDLSTM 模型。

将一纬水库位移序列进行 VMD 分解，得到 $k$ 个子序列，原始序列定义为 $F_K$：

$$
F_k = \{f_k(1) \ f_k(2), \ \cdots, \ _k(n)\}
\tag{4-42}
$$

设前 $m$ 组序列为训练集与验证集，表示为 $XTrainV_k$：

$$
XTrainV_k = \{f_k(1), \ f_k(2), \ \cdots, \ f_k(n)\}
\tag{4-43}
$$

余下 $(n-m)$ 组序列作为测试集，表示为 $XTest_k$：

$$
XTest_k = \{f_k(m+1), \ f_k(m+2), \ \cdots, \ f_k(n)\}, \ m<n, \ n \in N
\tag{4-44}
$$

对原始时间序列进行分割，设置分割长度为 $L$，则分割后序列为：

$$
X'_k = \left\{
\begin{aligned}
&f_k(1)f_k(2)\cdots f_k(n-L+1) \\
&f_k(2)f_k(3)\cdots f_k(n-L+2) \\
&\qquad\qquad\vdots \\
&f_k(L)f_k(L+1)\cdots f_k(n)
\end{aligned}
\right\}
\tag{4-45}
$$

设 $XTrainV_k$ 的输入为 $XTrainV'_k$，$XTrainV_k$ 输出为 $YTrainV'_k$，其表达式为：

$$XTrainV'_k = \begin{cases} f_k(1)f_k(2)\cdots f_k(n-L-2) \\ f_k(2)f_k(3)\cdots f_k(n-L-1) \\ \vdots \\ f_k(L)f_k(L+1)\cdots f_k(n-3) \end{cases} \qquad (4-46)$$

$$YTrainV'_k = \begin{cases} f_k(2)f_k(3)\cdots f_k(n-L-1) \\ f_k(3)f_k(4)\cdots f_k(n-L) \\ \vdots \\ f_k(L+1)f_k(L+2)\cdots f_k(n-2) \end{cases} \qquad (4-47)$$

设 $XTest_k$ 输入为 $XTest'_k$，$XTest_k$ 输出为 $YTest'_k$，其表达式为：

$$XTest'_k = \begin{cases} f_k(3)f_k(4)\cdots f_k(n-L) \\ f_k(4)f_k(5)\cdots f_k(n-L+1) \\ \vdots \\ f_k(L+2)f_k(L+3)\cdots f_k(n-1) \end{cases} \qquad (4-48)$$

$$YTest'_k = \begin{cases} f_k(4)f_k(5)\cdots f_k(n-L+1) \\ f_k(4)f_k(5)\cdots f_k(n-L+2) \\ \vdots \\ f_k(L+3)f_k(L+4)\cdots f_k(n) \end{cases} \qquad (4-49)$$

本研究将水库位移序列进行 VMD 分解后得到 $a$ 个模态分量与残差 $r$ 值，通过不同 $K$ 值得到相应的模态分量，将分解后的模态分量相加得到融合后的模态分量 MIXIMF，再将原时间序列的测试集按列合并得到融合的 VMD，表示为 MIXVMD，将 MIXVMD 作为模型特征带入 LSTM 进行预测。为了验证 MVMDLSTM 的预测精度，同时将 MIXVMD 作为模型特征带入 ANN 进行对比预测，并对预测结果进行精度分析，本研究构建的 MVMDLSTM 预测模型框架图如图 4-5 所示。

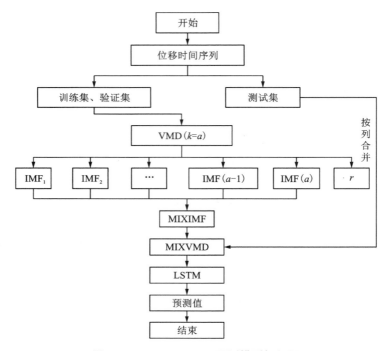

图4-5　MVMDLSTM 预测模型框架图

## ▶ 4.4　地球物理约束下水库大坝智能监测工程应用

结合洋河水库 2021—2022 年 11 月的位移形变数据，以天为观测间隔，观测方向包括北方向 N、东方向 E 及垂向沉降 U。以 4.3.4 节 MVMDLSTM 预测模型进行洋河水库大坝位移智能监测，采用水库迎 1A、副坝 26G、马 13A 三个站点的数据集，经预处理后分为 3000 组数据，以前 2700 组为训练集、验证集和后 300 组为测试集，采用 RMSE、MAE 进行预测精度评价。因数据量较大，本研究所用设备处理器为 i7-12700H，CPU 为 2.70 GHz，机带 RAM 为 32 GB 的 64 位 Windows11 系统。

### 4.4.1　单模型预测分析

本研究所用 MVMDLSTM 模型为组合模型，为了对比组合模型预测精度的效果，采用 RNN、ANN 与 LSTM 的单一模型进行对比，RNN、ANN 与 LSTM 测试集预测北方向 N、东方向 E 及垂向沉降 U 结果曲线如图 4-6 所示。

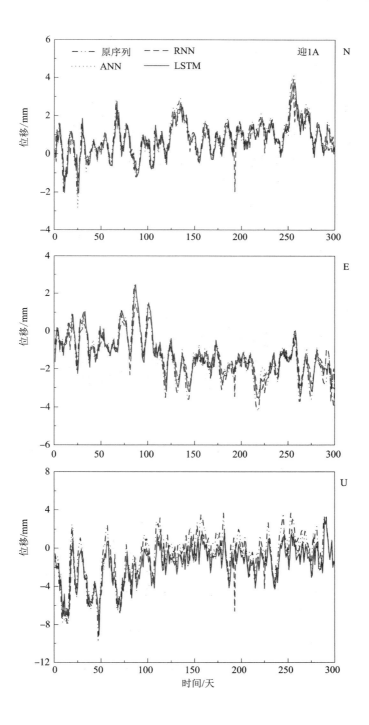

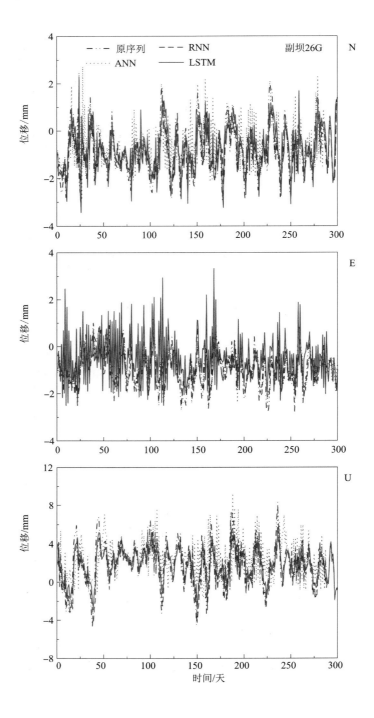

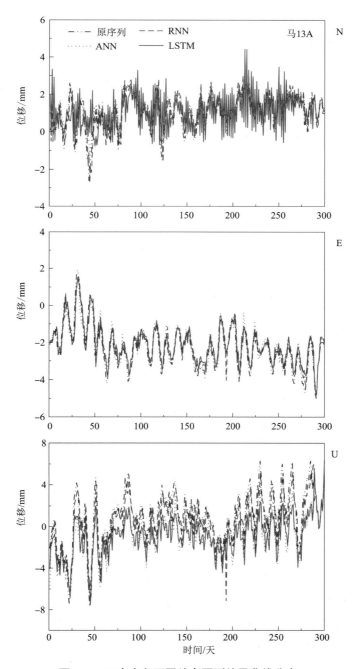

**图 4-6　三个方向不同站点预测结果曲线分布**

图 4-6 中双点划线为原序列，划线曲线为 RNN 结果曲线，点线曲线为 ANN 结果曲线，实线为 LSTM 预测结果曲线。由图 4-6 可知，单一 RNN、ANN 与 LSTM 模型在北方向、东方向预测结果具有一定的偏差，副坝 26G 站的三个方向预测的结果与原序列偏差明显，马 13A 站垂向预测的结果偏差较大，RNN、ANN 与 LSTM 模型预测的结果曲线在原始序列基础上下移，尤其在垂方向下移明显，预测结果不理想。不同单一模型预测精度评价见表 4-1。

表 4-1  不同单一模型预测精度评价                    单位：mm

| 站点 | 模型 | N | | E | | U | |
|---|---|---|---|---|---|---|---|
| | | RMSE | MAE | RMSE | MAE | RMSE | MAE |
| 迎 1A | RNN | 0.55 | 0.45 | 0.56 | 0.46 | 1.60 | 1.29 |
| | ANN | 0.81 | 0.66 | 0.59 | 0.42 | 1.93 | 1.48 |
| | LSTM | 0.53 | 0.41 | 0.50 | 0.35 | 1.57 | 1.24 |
| 副坝 26G | RNN | 0.79 | 0.60 | 0.85 | 0.65 | 1.55 | 1.21 |
| | ANN | 1.22 | 0.99 | 1.27 | 0.99 | 2.60 | 2.08 |
| | LSTM | 0.75 | 0.65 | 0.66 | 0.53 | 1.45 | 1.10 |
| 马 13A | RNN | 0.65 | 0.52 | 0.47 | 0.38 | 2.24 | 1.93 |
| | ANN | 1.12 | 0.90 | 0.53 | 0.44 | 2.19 | 1.90 |
| | LSTM | 0.59 | 0.45 | 0.41 | 0.33 | 1.37 | 1.09 |

由表 4-1 可知，单一模型预测精度在垂向变化较大，且 LSTM 模型预测结果精度更好。迎 1A 站 ANN 模型预测在北方向、东方向、垂向的 RMSE 分别为 0.81 mm、0.59 mm、1.93 mm，平均绝对误差分别为 0.66 mm、0.42 mm、1.48 mm，LSTM 模型预测在北方向、东方向、垂向的 RMSE 分别为 0.53 mm、0.50 mm、1.57 mm，平均绝对误差分别为 0.41 mm、0.35 mm、1.24 mm。副坝 26G 站在北方向、东方向、垂向 LSTM 模型预测 RMSE 分别为 0.75 mm、0.66 mm、1.45 mm，平均绝对误差分别为 0.65 mm、0.53 mm、1.10 mm。马 13A

站在北方向、东方向、垂向 LSTM 模型预测 RMSE 分别为 0.59 mm、0.41 mm、1.37 mm，平均绝对误差分别为 0.45 mm、0.33 mm、1.09 mm。综上所述，LSTM 模型比 RNN、ANN 模型预测精度更高。单一模型 RNN、ANN 与 LSTM 模型均不能准确预测水库位移序列，预测结果与原始位移序列拟合度较差。

### 4.4.2　MVMDLSTM 预测精度分析

VMD 参数 $K$ 的选取是解决变分问题最优解的重要步骤，为了取得更好的预测精度，本研究通过网格搜索的方法对 $K$ 值进行选取，以北方向迎 1A 站位移序列为例，不同 $K$ 值预测结果误差如图 4-7 所示。

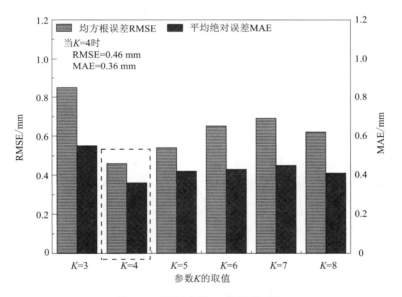

**图 4-7　不同参数 $K$ 值误差对比**

本研究通过网格搜索的方法对 MVMDLSTM 模型中 $K$ 值进行选取，当 $K$ 值过大时会造成模型载荷的梯度上升，影响预测效果，由图 4-7 可知，当 $K = 4$ 时，MVMDLSTM 模型预测的均方根误差为 0.46 mm，平均绝对误差为 0.36 mm。

### 4.4.3 VMD 组合模型结果分析

单一模型均不能准确预测水库位移序列，预测结果与原始位移序列拟合度较差。本研究构建 VMD 与不同预测模型进行验证，组合模型为 VMDANN、VMDRNN 与 VMDLSTM 模型，应特别注意的是目前混合算法中将 VMD 与 LSTM 进行融合时，将训练集、验证集与测试集一同分解，再对分解后的各模态分量带入模型进行预测，将各分量预测结果相加得到最终预测结果，本研究的混合算法是将分解后得到的模态分量相加得到融合后的模态分量 MIXIMF，再将原时间序列的测试集按列合并得到融合的 MIXVMD。

洋河水库位移时间序列具有非线性、非平稳的特性，采用单一的 RNN、ANN 与 LSTM 模型会影响预测精度，可能导致预测结果产生偏差。VMD 能将复杂的位移序列进行分解，再通过 LSTM 训练，重构序列从而获取更高的精度，为进一步验证 MVMDLSTM 模型的有效性与可靠性，本研究将 RNN、ANN 作为特征值构建 VMDRNN、VMDANN 组合模型，对比三个站不同数据集不同组合模型预测效果，不同组合模型预测曲线如图 4-8 所示。

由图 4-8 组合模型预测结果曲线可知，短点曲线为原序列，划线曲线为 VMDRNN 结果曲线，点线为 VMDANN 结果曲线，直线为 MVMDLSTM 结果曲线。MVMDLSTM 组合模型预测曲线与原序列曲线较为拟合。在北方向与东方向上，VMDANN 预测曲线比原序列向下偏移，说明 VMDANN 模型在北方向与东方向的位移预测过低估计，但 VMDANN 模型在垂向的预测曲线大部分向下偏移，VMDRNN 预测曲线比原序列略向上偏移，说明 VMDRNN 模型在北方向与东方向的位移预测过高估计。在垂向马 13A 站的 VMDRNN 预测结果曲线向下偏移明显，说明 VMDRNN 模型预测结果偏差较大。

由表 4-2 站点不同组合模型的评价指标可知，在北方向、东方向、垂向上 MVMDLSTM 模型的均方根误差与平均绝对误差比 VMDRNN、VMDANN 模型预测的 RMSE 与 MAE 值均小，相比 VMDRNN 与 VMDANN 模型，采用 MVMDLSTM 模型对马 13A 站北方向、东方向、垂向预测结果 RMSE 精度分别提升了约 24%、15%、34%，MAE 精度分别提升了约 30%、16%、55%，证明了 MVMDLSTM 模型比 VMDRNN、VMDANN 组合模型预测效果更好。

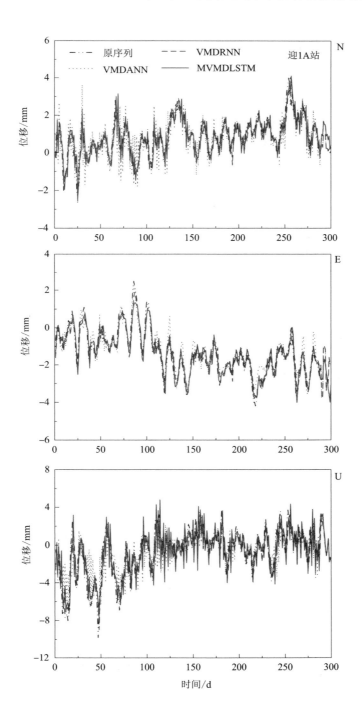

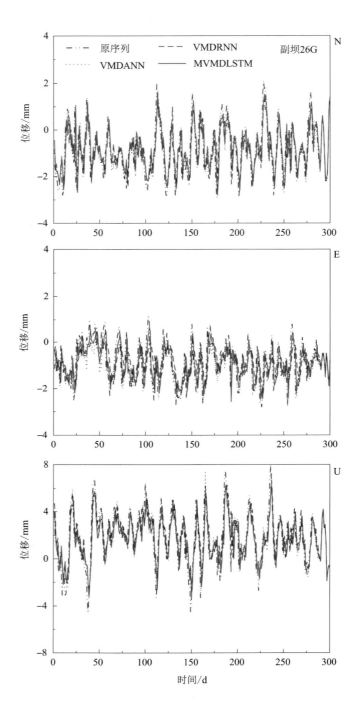

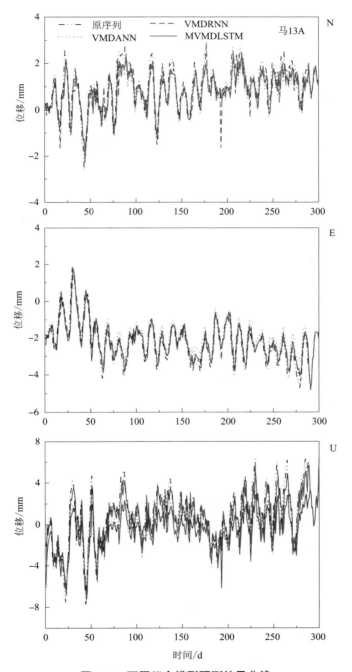

**图 4-8　不同组合模型预测结果曲线**

表 4-2   不同组合模型的评价指标                 单位：mm

| 站点 | 模型 | N | | E | | U | |
|---|---|---|---|---|---|---|---|
| | | RMSE | MAE | RMSE | MAE | RMSE | MAE |
| 迎 1A | VMDRNN | 0.48 | 0.38 | 0.44 | 0.36 | 1.42 | 1.21 |
| | VMDANN | 0.61 | 0.52 | 0.49 | 0.35 | 1.65 | 1.41 |
| | MVMDLSTM | 0.46 | 0.36 | 0.40 | 0.32 | 1.32 | 1.11 |
| 副坝 26G | VMDRNN | 0.71 | 0.55 | 0.77 | 0.63 | 1.35 | 1.07 |
| | VMDANN | 0.85 | 0.50 | 0.63 | 0.51 | 1.27 | 1.00 |
| | MVMDLSTM | 0.69 | 0.50 | 0.65 | 0.52 | 1.14 | 0.89 |
| 马 13A | VMDRNN | 0.57 | 0.48 | 0.45 | 0.36 | 1.29 | 1.04 |
| | VMDANN | 0.56 | 0.42 | 0.44 | 0.35 | 1.82 | 1.55 |
| | MVMDLSTM | 0.46 | 0.37 | 0.39 | 0.31 | 0.96 | 0.67 |

综上所述，本研究构建的 MVMDLSTM 组合模型预测精度相比单一模型与 VMDRNN、VMDANN 组合模型明显提升。VMD 能将水库非稳定、非线性的时间序列分解后重构，降低了组合模型对此类时间序列预测的难度，更好地提升了 MVMDLSTM 模型对"分解—预测—重构"模型的预测性能。

### 4.4.4   LSTM 组合预测模型精度分析

EMD 的有效性已经在非线性和非平稳过程的分析中得到了广泛验证，为进一步验证 MVMDLSTM 方法的可靠性，本研究构建 EMDLSTM 与 EEMDLSTM 模型，将 EMD 与 EEMD 分解后的 IMF 值带入 LSTM 预测模型中重构。以迎 1A 北方向为例，EMD 与 EEMD 部分模态分量如图 4-9 所示，不同组合模型的预测结果曲线分布如图 4-10 所示。

图 4-10 中直线为序列，划线为 EMDLSTM 结果曲线，点线为 ETMDLSTM 结果曲线，点划线为 MVMDLSTM 结果曲线。由 9 个模型预测结果曲线可知，MVMDLSTM 模型的预测曲线更加拟合于原序列，副坝 26G 站 EMDLSTM 与 EEMDLSTM 模型在北方向与垂向拟合曲线向上偏移，E 方向上拟合曲线向下偏移，三个方向拟合程度较差，EMDLSTM 与 EEMDLSTM 模型预测效果不如MVMDLSTM模型预测结果,不同模型预测结果指标评价见表4-3。MVMDLSTM

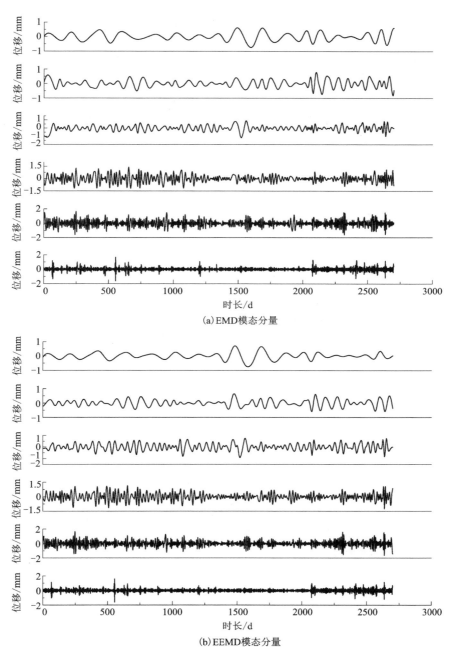

(a) EMD模态分量

(b) EEMD模态分量

图 4-9　EMD 与 EEMD 部分模态分量

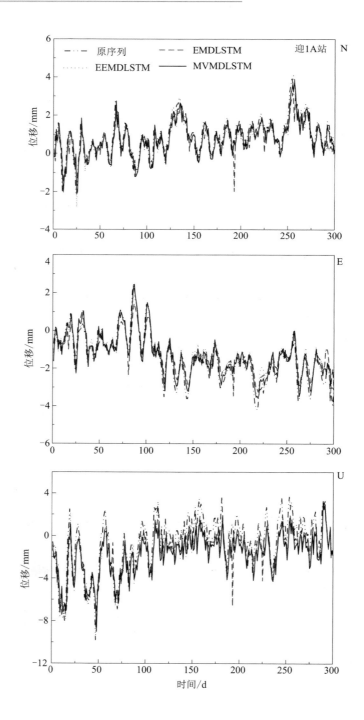

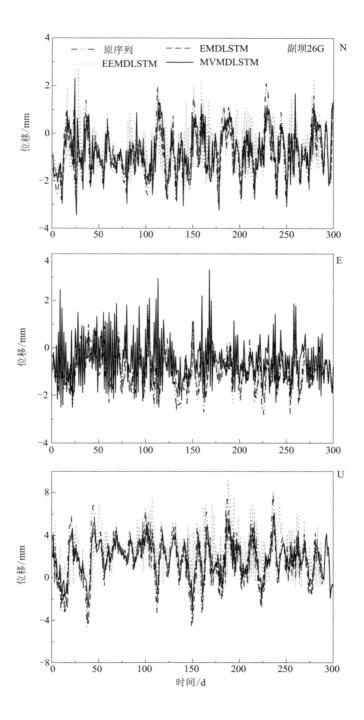

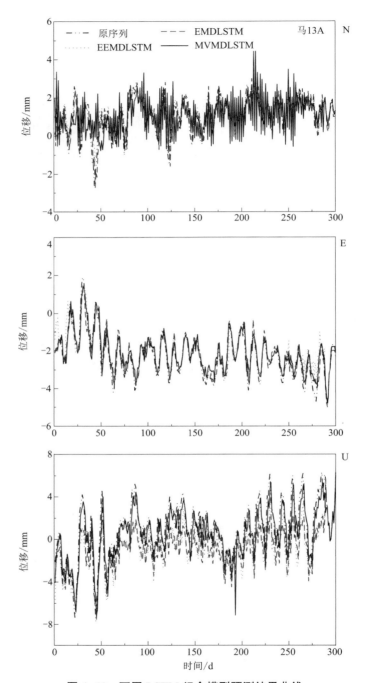

**图 4-10　不同 LSTM 组合模型预测结果曲线**

的 RMSE 与 MAE 值均低于 LSTM、EMDLSTM 与 EEMDLSTM 的评价指标值。在迎 1A、副坝 26G 与马 13A 站的 U 方向上,RMSE 甚至达到 3.25 mm,说明通过 EMD 分解后的特征值经 LSTM 网络训练后导致预测结果偏大,进一步证明了 MVMDLSTM 模型预测结果的有效性与可靠性。

表 4-3　顾及 LSTM 的组合模型评价指标　　　　单位:mm

| 站点 | 模型 | N | | E | | U | |
|---|---|---|---|---|---|---|---|
| | | RMSE | MAE | RMSE | MAE | RMSE | MAE |
| 迎 1A | LSTM | 0.53 | 0.41 | 0.50 | 0.35 | 1.57 | 1.24 |
| | EMDSTM | 1.36 | 1.10 | 2.46 | 2.13 | 2.99 | 2.14 |
| | EEMDLSTM | 1.33 | 1.09 | 1.85 | 1.59 | 2.67 | 1.91 |
| | MVMDLSTM | 0.46 | 0.36 | 0.40 | 0.32 | 1.32 | 1.11 |
| 副坝 26G | LSTM | 0.75 | 0.65 | 0.66 | 0.53 | 1.45 | 1.10 |
| | EMDLSTM | 1.43 | 1.18 | 2.39 | 2.00 | 3.25 | 2.64 |
| | EEMDLSTM | 1.38 | 1.16 | 1.99 | 1.66 | 3.04 | 2.53 |
| | MVMDLSTM | 0.69 | 0.50 | 0.65 | 0.52 | 1.14 | 0.89 |
| 马 13A | LSTM | 0.59 | 0.45 | 0.41 | 0.33 | 1.37 | 1.09 |
| | EMDLSTM | 1.42 | 1.22 | 2.61 | 2.41 | 2.91 | 2.35 |
| | EEMDLSTM | 1.39 | 1.20 | 2.06 | 1.92 | 2.45 | 1.98 |
| | MVMDLSTM | 0.46 | 0.37 | 0.39 | 0.31 | 0.96 | 0.67 |

对比 LSTM 模型,MVMDLSTM 模型的分解与重构能更好地拟合原序列,预测结果更可靠。以迎 1A 站为例,图 4-11 为 LSTM 与 MVMDLSTM 预测结果曲线,左图点线为原序列曲线,直线为 LSTM 结果曲线,点划线为预测值;右图点线为原序列曲线,双点划线为 MVMDLSTM 结果曲线,点划线为预测值。表 4-4 为 MVMDLSTM 相比 LSTM 的精度指标评价提升度。

图 4-11 中 LSTM 与 MVMDLSTM 模型预测集拟合相比,迎 1A 站在北方向、东方向、垂向上 MVMDLSTM 模型的预测结果曲线与原序列拟合效果更好,原序列经分解—重构后预测的数据集更接近原序列。由表 4-4 可得,U 方向马 13A 站 MVMDLSTM 模型比 LSTM 模型预测精度 RMSE 与 MSE 值分别提升了 42.7%、62.7%,其他站在不同方向均有所提升,证明了 MVMDLSTM 组合模型相较 LSTM 模型预测的优越性,且具有良好的动态特征。

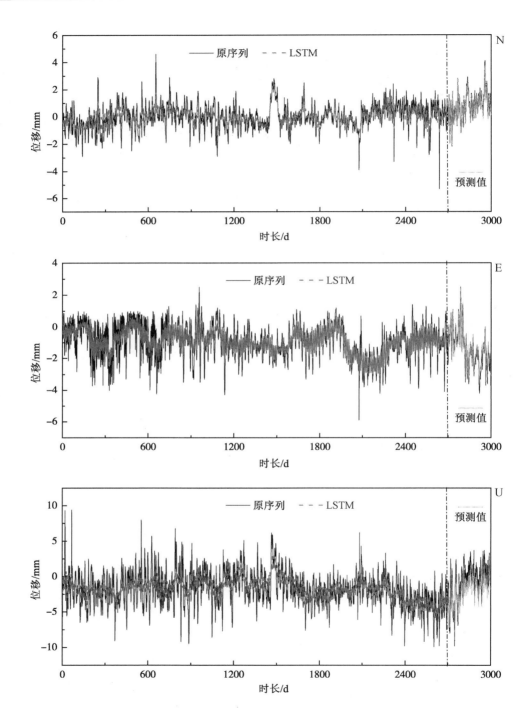

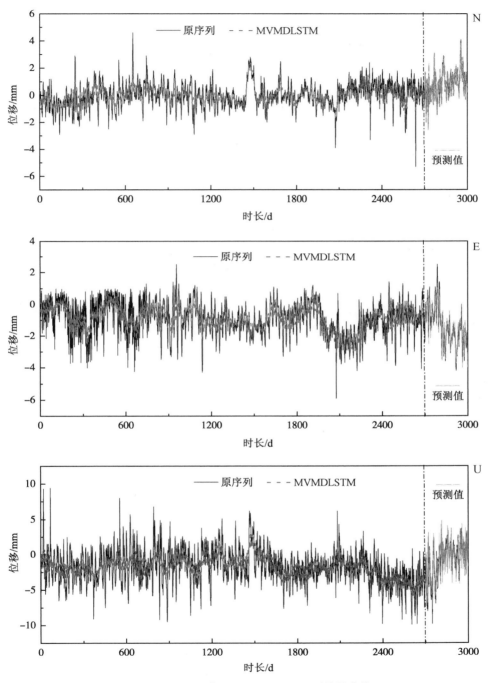

**图 4-11　LSTM 与 MVMDLSTM 预测结果曲线**

表4-4　精度指标评价提升度 $Q$

| 指标 | 站点 | N($Q$)/% | E($Q$)/% | U($Q$)/% |
|---|---|---|---|---|
| RMSE | 迎 1A | 15.2 | 25.0 | 18.9 |
| | 副坝 26G | 8.7 | 2.0 | 27.2 |
| | 马 13A | 28.3 | 5.1 | 42.7 |
| MAE | 迎 1A | 13.9 | 9.0 | 11.7 |
| | 副坝 26G | 30.1 | 2.0 | 23.6 |
| | 马 13A | 17.80 | 6.5 | 62.7 |

综上所述，本研究提出的 MVMDLSTM 模型不仅解决了 VMDLSTM 模型中存在的信息泄漏等问题，且对 LSTM 模型中预测结果与原始数据偏差较大问题进行了改正。MVMDLSTM 模型相比不同 VMD 组合模型及 LSTM 组合模型预测结果较优，可见该模型具有较强的适应性和鲁棒性。

MVMDLSTM 模型在三个方向上预测精度均有提升，在 U 方向站点预测结果 RMSE 与 MSE 精度最大提升了 62.7%、42.7%，更好地完善了位移序列"分解—预测—重构"模型的预测性能，证明了 MVMDLSTM 模型预测的优越性，为水库大坝监测位移形变研究提供了可靠的技术资料。

# 参考文献

［1］ Huang N E, Shen Z, Long S R, et al. The empirical mode decomposition and the Hilbert spectrum for nonlinear and non-stationary time series analysis［J］. The Royal Society, 1998, 454: 903-995.

［2］ Li Z, Lu T, He X, et al. An improved cyclic multi model-eXtreme gradient boosting（CMM-XGBoost）forecasting algorithm on the GNSS vertical time series［J］. Advances in Space Research, 2023, 71(1): 912-935

［3］ Qian Z, Pei Y, Zareipour H, et al. A review and discussion of decomposition-based hybrid models for wind energy forecasting applications［J］. Applied energy, 2019, 235: 939-953.

［4］ Deng L, Jiang W, Li Z, et al. Assessment of second-and third-order ionospheric effects on regional networks: case study in China with longer CMONOC GPS coordinate time series［J］. Journal of Geodesy, 2017, 91(2): 207-227.

［5］ Wu W, Wu J, Meng G. A study of rank defect and network effect in processing the CMONOC network on Bernese［J］. Remote Sensing, 2018, 10(3): 357.

［6］ Yao Y B, Yang Y X, Sun H, et al. Geodesy Discipline: Progress and Perspective［J］. Journal of Geodesy and Geoinformation Science, 2021, 4(4): 1-10.

［7］ Ren Y, Lian L, Wang J. Analysis of Seismic Deformation from Global Three-Decade GNSS Displacements: Implications for a Three-Dimensional Earth GNSS Velocity Field［J］. Remote Sensing, 2021, 13(17): 3369.

［8］ Wang J, Jiang W, Li Z, et al. A New Multi-Scale Sliding Window LSTM Framework（MSSW-LSTM）: A Case Study for GNSS Time-Series Prediction［J］. Remote Sensing, 2021, 13(16): 3328.

[9] Staller A, Álvarez-Gómez J A, Luna M P, et al. Crustal motion and deformation in Ecuador fromcGNSS time series [J]. Journal of South American Earth Sciences, 2018, 86: 94-109.

[10] Hobbs B, Ord A. Nonlinear dynamical analysis of GNSS data: quantification, precursors andsynchronisation[J]. Progress in Earth and Planetary Science, 2018, 5(1): 1-35.

[11] Xu K, He R, Li K, et al. Secular crustal deformation characteristics prior to the 2011 Tohoku-Oki earthquake detected from GNSS array, 2003-2011[J]. Advances in Space Research, 2022, 69(2): 1116-1129.

[12] Xi R, Jiang W, Meng X, et al. Rapid initialization method in real-time deformation monitoring of bridges with triple-frequency BDS and GPS measurements[J]. Advances in Space Research, 2018, 62(5): 976-989.

[13] Chen Q, Jiang W, Meng X, et al. Vertical deformation monitoring of the suspension bridge tower using GNSS: A case study of theforth road bridge in the UK[J]. Remote Sensing, 2018, 10(3): 364.

[14] Xin J, Zhou J, Yang S X, et al. Bridge structure deformation prediction based on GNSS data using Kalman-ARIMA-GARCH model[J]. Sensors, 2018, 18(1): 298.

[15] Zhang R, Gao C, Pan S, et al. Fusion of GNSS and speedometer based on VMD and its application in bridge deformation monitoring[J]. Sensors, 2020, 20(3): 694.

[16] Altamimi Z, Rebischung P, Métivier L, et al. ITRF2014: A new release of the International Terrestrial Reference Frame modeling nonlinear station motions[J]. Journal of Geophysical Research: Solid Earth, 2016, 121(8): 6109-6131.

[17] Lahtinen S, Jivall L, Häkli P, et al. Densification of the ITRF2014 position and velocity solution in the Nordic and Baltic countries[J]. GPS Solutions, 2019, 23(4): 1-13.

[18] Li Z, Chen W, Van D T, et al. Comparative analysis of different atmospheric surface pressuremodels and their impacts on daily ITRF2014 GNSS residual time series[J]. Journal of Geodesy, 2020, 94(4): 1-20.

[19] Kowalczyk K, Pajak K, Wieczorek B, et al. An Analysis of Vertical Crustal Movements along the European Coast from Satellite Altimetry, Tide Gauge, GNSS and Radar Interferometry[J]. Remote Sensing, 2021, 13(11): 2173.

[20] Li Z, Lu T. Prediction ofMultistation GNSS Vertical Coordinate Time Series Based on XGBoost Algorithm [C]//China Satellite Navigation Conference (CSNC 2022) Proceedings. Springer, Singapore, 2022: 275-286.

［21］ Li W, Li F, Zhang S, et al. Spatiotemporal Filtering and Noise Analysis for Regional GNSS Network in Antarctica Using Independent Component Analysis［J］. Remote Sensing, 2019, 11(4): 386.

［22］ Nistor S, Suba N S, Maciuk K, et al. Analysis of Noise and Velocity in GNSS EPN-Repro 2 Time Series［J］. Remote Sensing, 2021, 13(14): 2783.

［23］ Tao R, Lu T, Cheng Y, et al. An improved GNSS vertical time series prediction model using EWT［C］//China Satellite Navigation Conference (CSNC 2021) Proceedings. Springer, Singapore, 2021: 298-313.

［24］ Xue J, Zhou S H, Liu Q, et al. Financial time series prediction using ℓ2, 1RF-ELM［J］. Neurocomputing, 2018, 277: 176-186.

［25］ Lin L, Wang F, Xie X, et al. Random forests-based extreme learning machine ensemble for multi-regime time series prediction［J］. Expert Systems with Applications, 2017, 83: 164-176.

［26］ Chen T, Guestrin C. Xgboost: A scalable tree boosting system［C］//Proceedings of the 22nd acm sigkdd international conference on knowledge discovery and data mining. 2016: 785-794.

［27］ Lin M, Zhu X, Hua T, et al. Detection of Ionospheric Scintillation Based on XGBoost Model Improved by SMOTE-ENN Technique［J］. Remote Sensing, 2021, 13(13): 2577.

［28］ Qiu Y, Zhou J, Khandelwal M, et al. Performance evaluation of hybrid WOA-XGBoost, GWO-XGBoost and BO-XGBoost models to predict blast-induced ground vibration［J］. Engineering with Computers, 2021: 1-18.

［29］ Xu H, Lu T, Montillet J P, et al. An Improved Adaptive IVMD-WPT-Based Noise Reduction Algorithm on GPS Height Time Series［J］. Sensors, 2021, 21(24): 8295.

［30］ Jiang H, He Z, Ye G, et al. Network intrusion detection based on PSO-XGBoost model［J］. IEEE Access, 2020, 8: 58392-58401.

［31］ Livieris I E, Pintelas E, Pintelas P. A CNN-LSTM model for gold price time-series forecasting［J］. Neural computing and applications, 2020, 32(23): 17351-17360.

［32］ Ma L, Tian S. A hybrid CNN-LSTM model for aircraft 4D trajectory prediction［J］. IEEE Access, 2020, 8: 134668-134680.

［33］ Xie H, Zhang L, Lim C P. Evolving CNN-LSTM models for time series prediction using enhanced grey wolf optimizer［J］. IEEE Access, 2020, 8: 161519-161541.

［34］ Gao W, Li Z, Chen Q, et al. Modelling and prediction of GNSS time series using GBDT, LSTM and SVM machine learning approaches［J］. Journal of Geodesy, 2022, 96(10)：1-17.

［35］ 罗德河, 郑东健.大坝变形的小波分析与 ARMA 预测模型［J］.水利水运工程学报, 2016( 3)：70-75.

［36］ 刘思敏, 徐景田, 鞠博晓.基于 EMD 和 RBF 神经网络的大坝形变预测［J］.测绘通报, 2019(8)：88-91.

［37］ 王新洲, 范千, 许承权, 等.基于小波变换和支持向量机的大坝变形预测［J］.武汉大学学报(信息科学版), 2008, 33(5)：469-471, 507.

［38］ 郑旭东, 陈天伟, 王雷, 等.基于 EEMD-PCA-ARIMA 模型的大坝变形预测［J］.长江科学院院报, 2020, 37(3)：57-63.

［39］ 李桥, 巨能攀, 黄健, 等.基于 EEMD 与 SE 的 IPSO-LSSVM 模型在坝肩边坡变形预测中的应用［J］.长江科学院院报, 2019, 36(12)：47-53.

［40］ 陈孝文, 苏攀, 吴彬溶, 等.基于改进长短期记忆网络的时间序列预测研究［J］.武汉理工大学学报(信息与管理工程版), 2022, 44(3)：487-494+499.

［41］ 胡向阳, 孙宪坤, 尹玲, 等.基于多变量 LSTM 的 GPS 坐标时间序列预测模型［J］.传感器与微系统, 2021, 40(3)：40-43.

［42］ 戴邵武, 陈强强, 刘志豪, 等.基于 EMD-LSTM 的时间序列预测方法［J］.深圳大学学报(理工版), 2020, 37(3)：265-270.

［43］ 陈竹安, 熊鑫, 游宇垠.变分模态分解与长短时神经网络的大坝变形预测［J］.测绘科学, 2021, 46(9)：34-42.

［44］ 高结旺.基于 ANN-LSTM 混合预测方法的边坡滑坡预警系统研究［D］.赣州：江西理工大学, 2022.

［45］ 姜卫平, 王锴华, 李昭, 等.GNSS 坐标时间序列分析理论与方法及展望［J］.武汉大学学报(信息科学版), 2018, 43(12)：2112-2123.

［46］ 鲁铁定, 李祯.基于 Prophet-XGBoost 模型的 GNSS 高程时间序列预测［J］.大地测量与地球动力学, 2022, 42(9)：898-903.

［47］ 贺小星, 花向红, 鲁铁定, 等.时间跨度对 GPS 坐标序列噪声模型及速度估计影响分析［J］.国防科技大学学报, 2017, 39(6)：12-18.

［48］ 李威, 鲁铁定, 贺小星, 等.基于 Prophet-RF 模型的 GNSS 高程坐标时间序列预测分析［J］.大地测量与地球动力学, 2021, 41(2)：116-121.

［49］ 丁武, 马媛, 杜诗蕾, 等.基于 XGBoost 算法的多元水文时间序列趋势相似性挖

掘[J].计算机科学,2020,47(S2):459-463.

[50] 卜长健,雷雨,赖建华.浅析提高 JXCORS 稳定性及定位精度的措施[J].测绘与空间
地理信息,2014,37(3):160-163.

[51] 崔希璋,於宗俦,陶本藻,等.广义测量平差[M].武汉:武汉大学出版社,2006.

[52] 邓拥军,王伟,钱成春,等.EMD 方法及 Hilbert 变换中边界问题的处理[J].科学通
报,2001(3):257-263.

[53] 鄂栋臣,詹必伟,姜卫平,等.应用 GAMIT/GLOBK 软件进行高精度 GPS 数据处
理[J].极地研究,2005,(3):173-182.

[54] 付杰,聂启祥,贺小星,等.不同解算策略对 GPS 坐标序列噪声模型建立及速度影
响[J].全球定位系统,2022,47(1):74-79.

[55] 付杰,熊常亮,孙喜文,等.验潮站坐标时间序列特性分析[J].全球定位系统,
2021,46(4):70-75.

[56] 高静.经验模态分解的改进方法及应用研究[D].北京:北京理工大学,2014.

[57] 葛娜,孙连英,石晓达,等.Prophet-LSTM 组合模型的销售量预测研究[J].计算机科
学,2019,46(S1):446-451.

[58] 何书元.应用时间序列分析[M].北京:北京大学出版社,2003.

[59] 贺小星,花向红,周世健,等.PCA 与 KLE 相结合的区域 GPS 网坐标序列分析[J].测
绘科学,2014,(7).

[60] 贺小星,姜卫平,周晓慧,等.GPS 坐标时间序列广义共模误差分离方法[J].测绘
科学,2018,43(10):7-15.

[61] 贺小星,孙喜文,马飞虎,等.随机模型对 IGS 站速度及其不确定度影响分析[J].测
绘科学,2019,44(1):36-41.

[62] 贺小星,孙喜文.ETS 对 GPS 站坐标时间序列噪声模型建立影响分析[J].测绘工
程,2020,29(2):12-16+22.

[63] 贺小星,孙喜文.环境负载模型效应位移序列可靠性分析[J].测绘工程,2019,
28(5):1-7.

[64] 贺小星,孙喜文.PANGA 坐标时间序列噪声模型特性分析[J].全球定位系统,2018,
43(06):69-75.

[65] 贺小星.GPS 测站时间序列分析及其地壳形变应用[D].南昌:东华理工大学,2013.

[66] 贺小星,熊常亮,常苗,等.基于 EMD 的 GNSS 时间序列降噪软件实现[J].导航定
位学报,2020,8(1):32-37.

[67] 胡劲松,杨世锡.EMD 方法基于径向基神经网络预测的数据延拓与应用[J].机械强

度，2007(6)：894-899.

[68] 胡守超，伍吉仓，孙亚峰. 区域 GPS 网三种时空滤波方法的比较[J]. 大地测量与地球动力学，2009(3)：95-99.

[69] 黄博华，杨勃航，李明贵，等. 一种改进的 MAD 钟差粗差探测方法[J]. 武汉大学学报(信息科学版)，2022(5)：747-752+761.

[70] 黄佳伟，鲁铁定，贺小星，等. Prophet-Elman 残差改正电离层 TEC 短期预报模型[J]. 大地测量与地球动力学，2021，41(8)：783-788.

[71] 黄立人. GPS 基准站坐标分量时间序列的噪声特性分析[J]. 大地测量与地球动力学，2006，26(2)：31-38.

[72] 姜卫平，李昭，刘鸿飞，等. 中国区域 IGS 基准站坐标时间序列非线性变化的成因分析[J]. 地球物理学报，2013(7)：2228-2237.

[73] 姜卫平，李昭，刘万科，等. 顾及非线性变化的地球参考框架建立与维持的思考[J]. 武汉大学学报(信息科学版)，2010(6)：665-669.

[74] 姜卫平，王锴华，邓连生，等. 热膨胀效应对 GNSS 基准站垂向位移非线性变化的影响[J]. 测绘学报，2015(5)：473-480.

[75] 姜卫平，周晓慧. 澳大利亚 GPS 坐标时间序列跨度对噪声模型建立的影响分析[J]. 中国科学：地球科学，2014，44(11)：2461-2478.

[76] 李广源，花向红，贺小星. 北斗卫星导航系统空间信号测距误差评估[J]. 测绘科学，2020，45(5)：1-6.

[77] 李威，鲁铁定，贺小星，等. Prophet 模型在 GNSS 坐标时间序列中的插值分析[J]. 大地测量与地球动力学，2021，41(4)：362-367+377.

[78] 李英冰. 固体地球的环境变化响应[D]. 武汉：武汉大学，2003.

[79] 李昭，姜卫平，刘鸿飞，等. 中国区域 IGS 基准站坐标时间序列噪声模型建立与分析[J]. 测绘学报，2012，41(4)：496-503.

[80] 李征航，黄劲松. GPS 测量与数据处理[M]. 2 版. 武汉：武汉大学出版社，2010.

[81] 刘陈希. 基于 EMD-ICA 的地震资料去噪方法研究[D]. 青岛：中国石油大学(华东)，2017.

[82] 刘大杰，陶本藻. 实用测量数据处理方法[M]. 北京：测绘出版社，2000：101-111.

[83] 刘丹丹. 基于 EMD 的 GNSS 时间序列异常值探测算法[J]. 地球物理学进展，2021，36(5)：1865-1873.

[84] 刘志平，朱丹彤，余航，等. 等价条件平差模型的方差-协方差分量最小二乘估计方法[J]. 测绘学报，2019，48(9)：1088-1095.

[85] 刘志平. 等价条件闭合差的方差-协方差分量估计解析法[J]. 测绘学报, 2013, 42(5): 648-653.

[86] 卢辰龙, 匡翠林, 戴吾蛟, 等. 采用变系数回归模型提取 GPS 坐标序列季节性信号[J]. 大地测量与地球动力学, 2014, 34(5): 94-100.

[87] 鲁铁定, 李祯. 基于 Prophet-XGBoost 模型的 GNSS 高程时间序列预测[J]. 大地测量与地球动力学, 2022, 42(9): 898-903.

[88] 鲁铁定, 钱文龙, 贺小星, 等. 一种基于噪声统计特性的改进 EMD 降噪方法[J]. 测绘通报, 2020(11): 71-75.

[89] 鲁铁定, 谢建雄. 变分模态分解结合样本熵的变形监测数据降噪[J]. 大地测量与地球动力学, 2021, 41(1): 1-6.

[90] 钱荣荣. 基于经验模态分解的动态变形数据分析模型研究[D]. 徐州: 中国矿业大学, 2016.

[91] 钱文龙, 鲁铁定, 贺小星, 等. GPS 高程时间序列降噪分析的改进 EMD 方法[J]. 大地测量与地球动力学, 2020(3): 242-246+269.

[92] 孙喜文, 贺小星, 黄佳慧, 等. 一种 CEEMDAN 的坐标时间序列降噪方法[J]. 导航定位学报, 2023, 11(1): 129-133.

[93] 陶武勇, 鲁铁定, 许光煜, 等. 稳健总体最小二乘 Helmert 方差分量估计[J]. 大地测量与地球动力学, 2017, 37(11): 1193-1197.

[94] 田云锋. GPS 坐标时间序列中的中长期误差研究[D]. 北京: 中国地震局地质研究所, 2011.

[95] 王国权, 鲍艳. 基于区域参考框架的 GNSS 滑坡监测[J]. 测绘学报, 2022, 51(10): 2107-2116.

[96] 熊常亮, 贺小星, 鲁铁定, 等. 改进经验模态分解方法用于 GNSS 站速度估计[J]. 测绘科学, 2022, 47(3): 43-49.

[97] 熊常亮, 贺小星, 马下平, 等. 联合 LMD 与 EMD 的 GNSS 站坐标时间序列去噪方法[J]. 测绘通报, 2022(2): 78-82.

[98] 熊常亮, 贺小星, 孙喜文, 等. GNSS 时间序列分析与降噪软件的实现[J]. 导航定位学报, 2021, 9(5): 152-162.

[99] 许家琪. GNSS 坐标时间序列噪声模型建立影响因素研究[D]. 南昌: 东华理工大学, 2019.

[100] 杨元喜. 北斗卫星导航系统的进展、贡献与挑战[J]. 测绘学报, 2010, 39(1): 1-6.

[101] 姚宜斌, 杨元喜, 孙和平, 等. 大地测量学科发展现状与趋势[J]. 测绘学报, 2020,

49(10)：1243-1251.

［102］张恒璟，程鹏飞. 基于 EEMD 的 GPS 高程时间序列噪声识别与提取［J］. 大地测量与地球动力学，2014，34(2)：79-83.

［103］张勤，白正伟，黄观文，等. GNSS 滑坡监测预警技术进展［J］. 测绘学报，2022，51(10)：1985-2000.

［104］张郁山，梁建文，胡聿贤. 应用自回归模型处理 EMD 方法中的边界问题［J］. 自然科学进展，2003(10)：48-53.

**图书在版编目（CIP）数据**

北斗/GNSS 高精度大坝智能监测关键技术研究与应用 /
贺小星等著. —长沙：中南大学出版社，2023.9
ISBN 978-7-5487-5520-3

Ⅰ. ①北… Ⅱ. ①贺… Ⅲ. ①智能技术－应用－大坝
－安全监测 Ⅳ. ①TV698.1

中国国家版本馆 CIP 数据核字（2023）第 165861 号

## 北斗/GNSS 高精度大坝智能监测关键技术研究与应用
**BEIDOU/GNSS GAOJINGDU DABA ZHINENG JIANCE GUANJIAN JISHU YANJIU YU YINGYONG**

贺小星　孙喜文　王海城　张云涛　等著

| | | |
|---|---|---|
| □**出 版 人** | 吴湘华 | |
| □**责任编辑** | 刘颖维 | |
| □**封面设计** | 李芳丽 | |
| □**责任印制** | 唐　曦 | |
| □**出版发行** | 中南大学出版社 | |
| | 社址：长沙市麓山南路 | 邮编：410083 |
| | 发行科电话：0731-88876770 | 传真：0731-88710482 |
| □**印　　装** | 长沙印通印刷有限公司 | |

| | | | |
|---|---|---|---|
| □**开　　本** | 710 mm×1000 mm　1/16 | □**印张** 9.75 | □**字数** 194 千字 |
| □**版　　次** | 2023 年 9 月第 1 版 | □**印次** 2023 年 9 月第 1 次印刷 | |
| □**书　　号** | ISBN 978-7-5487-5520-3 | | |
| □**定　　价** | 78.00 元 | | |